花园MOOK　金暖秋冬号

Vol . 01　重新规划一个属于你的花园吧！

天高云淡，风清气爽，拿取工具的双手有一种干燥的感觉……身边的每一件事物似乎都在告诉我们，又一个金秋不知不觉地来临了。

秋熟冬孕，季节嬗递，我们的《花园MOOK·金暖秋冬号》也在这个成熟和孕育的季节里诞生了！

在《金暖秋冬号》里，我们将分享打造精美镜头小景花园的方法和实例。还有专业的摄影师亲临现场指导摄影技巧，传授拍摄动人花卉照片的秘诀。

随着多肉植物热的升温，我们为都市阳台的园丁们准备了精彩的多肉组专题。

本期中大家可以学习到以球根皇后郁金香领衔的各种球根的选择栽培方法以及让整个春季甚至此后数年都开花不断的球根种植法。

玫瑰专辑里，我们可以看到玫瑰身上最古老与最新潮的一面：在大爱的玫瑰园里饱飨古典玫瑰的香气盛宴，而在时尚玫瑰园里学习最流行的玫瑰课——利用做减法来打造简约式玫瑰园。

玫瑰园里最好的配角是香草，最后我们将请来一位多年来隐藏在花园里的无名英雄——鼠尾草登场，它那紫色的身影将为花园和家居带来了异样的芬芳与光彩。

秋季是结果的日子，冬季是收藏的日子，不过秋冬的园丁们却不能安享清闲时光，因为更重要的是，这个季节也是重新开始规划的日子，我们必须设计规划、播种繁殖、翻盆换土、更新花园、建造硬件，所以鼓足士气、振奋精神、掏空口袋、拿起相机……为迎接繁花似锦的大好春光，让我们一起度过一个繁忙而充实的秋冬季吧！

花园MOOK 编辑部

图书在版编目（CIP）数据

花园MOOK·金暖秋冬号 /（日）FG武藏编著；药草
花园等译. —武汉：湖北科学技术出版社, 2017.2
ISBN 978-7-5352-8091-6

Ⅰ.①花… Ⅱ.①F… ②药… Ⅲ.①观赏园
艺—日本—丛刊 Ⅳ.①S68-55

中国版本图书馆CIP数据核字(2017)第044344号

主办：湖北长江出版传媒集团有限公司
出版发行：湖北科学技术出版社有限公司
出版人：何龙
编著：FG武藏
特约主编：药草花园
执行主编：唐洁
翻译组成员：陶旭 白舞青逸 MissZ
64m 末季泡泡 糯米 药草花园
球根栽培原创：Anatolij Lim
本期责任编辑：唐洁 王小芳
渠道专员：王英
发行热线：027 87679468
广告热线：027 87679448
网址：http://www.hbstp.com.cn
订购网址：http://hbkxjscbs.tmall
封面设计：胡博
2017年3月第2版
2017年3月第2次印刷
印刷：武汉市金港彩印有限公司
定价：48.00元

本书如有印刷、装订问题，请直接与承印厂联系。

花园MOOK·金暖秋冬号

CONTENTS Vol.01 Winter

让人不知不觉
端起相机拍照——

精心打造
场景小品，
庭院会更精彩

完成一座庭院的整体设计绝非易事，

但如果能制作若干美丽的场景小品，

并将之融合在一起，就可以实现既有统一感又精致耐看的景观。

因此，认真对待每一处小景设计，在每一个细节上更用心。

不懈地努力，打造一个处处有风景、随时让人想举起相机的镜中庭院。

Contents

Part 1

通过考究的资材选配来提升品位，

打造让人
眼前一亮的庭院

缤纷的花朵、丰沛的绿叶配合着道路的深远效果，
各种元素相得益彰，营造出恰到好处的平衡感！
这些让人眼前一亮的场景，自然提升了庭院的品味。
下面我们就来介绍利用院子里的建筑物和路石，
营造出高品味庭院的"关键场景"。

从近处的路石过渡到远处的沙砾，地面材料变化多端
充满趣味的绿色氛围，颇具风情的小屋，庭院里满是吸引眼球的小景

庭院一：欧式乡居庭院

精心打造场景小品，让庭院更加出色

耐人寻味的
小屋和园路
映衬出花草的欣欣向荣

巧妙安排花期

通过杂货饰品的搭配

让庭院精彩不断

园子主人从小喜欢亲近植物，5 年前翻建自家房子时，开始着手打造盼望已久的乡居风格庭院。将主建筑的前院花园彻底开发，又在屋旁构筑了一所欧式民居风格小屋，这两处成为主人大展身手的园地。

主人设计的主导思想是，让庭院里一年四季都有不同的看点，营造一个惬意放松的空间。所以，在选择种植品种的时候注意错开开花期，在开花少的时候将视线吸引到植物之间若隐若现的杂货摆件上，充分关注每一个细节。在花园里种上四照花（*Benthamidia japonica*）、椽树（*Fraxinus lanuginosa f. serrate*）、油橄榄树，在树下覆盖茂盛的观赏草。这样，各种色调形状的叶片仿佛绿色的幕布，而在其上，每个季节的缤纷花朵演绎出不同的精彩。

为了使前院花园中心不过于单调，桌子旁种植了高度适中的油橄榄树。

庭院中的每一处小景都创造着美好的视觉享受。在小屋稍显乏味的水泥墙前，手工制作了白色栏杆，让3种不同的藤本月季攀缘其上。每当月季开放，以欧陆风情的小屋为背景，层层叠叠的绿色与月季搭配起来，就如同在眼前呈现出一幅生机勃勃的画卷。

花园各处悄然演绎着各种各样的小景：把原本是水钵的白铁皮盆放在小屋的房檐下，增加了灵气，或是把充满沧桑感的摆件、小花盆放在角落里……在选择装饰杂货时，使用灰色和蓝色、红褐色和黄色搭配等，各种素净的组合让整体色调浑然一体。

有时主人也会特意选用与周围色调不同颜色的植物，打破整体格局，创造醒目的视觉效果。

来客走进花园，常常看得如痴如醉、挪不动脚步。而主人每天在院子里忙碌，一边除虫、剪残花，一边脑子里还在不停地规划更美的效果。花园今后的变化，令人充满期待。

把优雅的藤本月季积极地向小屋牵引

1. 在遮挡水泥墙的白围栏上攀援着3种浅色藤本月季，营造出浪漫的氛围。"龙沙宝石"的花朵是朝下开放的，为了创造出更好的观赏效果，让枝条从上面垂下来，这样仰头就可以观赏到花朵的正面。
2. 通向小屋的路面用石头、沙砾、瓦片等，铺设出丰富的变化。

立体配置植物和摆件 把单调的墙面变成精彩的舞台

3. 旧木箱和大耙子给人温暖的感觉。恰到好处的绿色把这里点缀成清新简约的一景。
4. 在白铁皮喷壶里种上植物，后面放上一只大镜框，仿佛展示着一幅静美的画作。

通过石头的大小组合
让路石产生视觉变化

玄关前的道路由大大小小的石头路面，创造出自然的感觉。
明快的石头与主花园的草坪交相辉映。

看似随意
摆放的杂货
成了花坛的亮点

5. 玄关前的种植角。在藤本月季和低矮植物之间掩映着古风盎然的旧车轮。
6. 在前院花园一角，用砖头堆成放置喷壶的台子。上面覆盖着薜荔（*Ficus pumilla*）和蔓长春花（*Vinca major*），形成一个色彩层次丰富的绿色角落。

> 灵感闪现
> 透过摆件和资材的选配
> 彰显植物魅力

Garden Map & Data

面积／约330平方米

风格／欧式乡居风格

主人关注的植物品种／

黑色花朵的圣诞玫瑰、
雪山八仙花（粉色）

水蓝色墙面与
清新的杂货和谐搭配

主建筑的墙面是柔和的水蓝色。老旧的杂货与植物的巧妙搭配，使背景效果富有情调。

欧式乡居花园的 *Technique*!
通过细节改造，
让花园场景更精彩!

1

藤篮和
白色椅子的
清新物语

在大篮子里栽上充满野趣的小花，放置在油漆斑驳的白椅子上。天然材料的搭配使这处面朝花园的露台充满自然风情。

**古旧的物件和藤蔓搭配
形成美丽的一隅**

7. 把种着多肉植物的白铁皮小桶放在绿叶丛中，斑叶的蔓长春花缠绕其间，与多肉植物非常协调。　8. 把花叶地锦和葡萄叶片牵引到小屋的房檐下，为恬静的风景增添了动感。

2

3

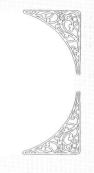

绣球花下的水盆
带来清新润泽的感觉

白铁皮大盆里小青鱼游来游去，充满生机。绣球花下，悄然呈现出一片澄净心灵的水面。

8

**白 × 绿的清淡色彩
让人享受清新安静的氛围**

在油橄榄树下北极菊和铜钱草（*Centella asiatica*）茂盛生长，大片绿色衬托下的白色小花成为草坪的亮点。

5

砖缝里星星点点的绿色
演绎出自然的感觉

从小路的砖缝里窜出来的绿色增添了地面的明快感，大部分是洒落的种子自播而成。当然，细心的主人还特意加播了一些种子，细微之处的用心遍及花园每个角落。

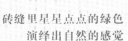

4

用颜色鲜艳的摆件
形成一个抢眼的小角落

在花园工作台或是展示架上摆放收集来的瓷
砖、盘子和杂七杂八的小物件。

树下的小花
为花园增色

微型月季几乎覆盖了附近
的地面，树下阳光不太好，
所以选种了比较耐阴的品
种。

庭院二：手工制作的精巧小花园

精心打造场景小品，让庭院更出色

藤本月季的小花
在暗淡的灰色墙壁上熠熠生辉
打造出可爱的前庭花园

被绿色包围的工作小屋让人感觉像欣赏画作，自然而然地冒出想要进去看看的冲动。

花园小屋让人联想
美好景色是小屋的亮点

位于幽静住宅区内的这处前庭花园，清爽的绿意非常引人注目。在绿色中月季和小草花点缀开放，默默地欢迎路人的驻足。

主人擅长木工制作，曾想过建设一座以白色为基调的手工花园。在打造过程中慢慢积累经验，又有了新的想法，那就是放弃打眼的白色基调，转而选用暗色调的资材，使之衬托出植物的美感。

彻底推翻从前的设想后，重新委托园艺设计师来设计施工。现在这座小院子，除去车库仅有35平方米的自由空间，最大的看点是独具特色的工作小屋。

设计小屋时，考虑到从公共道路看进来的角度，让路人的视线穿过绿色门廊，被引导到花园深处。在小屋前交织种植的花草营造出深邃感，更增加了引人到园中一探究竟的好奇心。

因为院子比较小，每个空余的地方都必须充分利用。例如尽量选用藤本月季等藤蔓植物，牵引到建筑物上，再使用花门、篱笆演绎绿意盎然的感觉。丰富的空间层次清幽安恬，各种植物元素融合得浑然天成，让人心醉神迷。

主人说："有时，路过的行人会不知不觉地走进花园来。"旁人欣赏的目光，也激励了主人打理花园时不懈努力的态度。

层叠的花草树木
营造出自然的深远感

园间小路通向黑色外墙——主人儿子的房子，
使用冬青（Centella asiatica）等枝叶营造出小
路向深处延伸的效果。

> **丰富多彩的植物**
> **营造空间的私密感**

浓绿的叶片
衬托淡色小花
清爽怡人

在前庭花园里，各种浅色系藤本月季和三
色堇明快轻盈。其中藤本月季贯穿各处，
起到柔和过渡的效果。

用丰富的绿色
缓和工作小屋的枯燥感

1. 藤本月季"群星"攀缘在小屋周围。这
样的设置可以让狭窄的地方显得充实。
2. 在墙面上选用颜色鲜艳的藤本月季"珠玉"
和古典玫瑰"科妮莉亚"，墙面因此绚烂多姿。

Garden Map & Data

面积／约40平方米

风格／手工制作的精巧风格

主人关注植物品种／蕨类

精巧小花园的 *Technique*!
小小创意改动
大大提升场景效果

1

2

利用地面铺装材料的空隙
作为种植空间

在花门与地砖之间的小空间栽上角堇，自然清新。细心开发类似的小空间，可以增加庭院整体的植物量。

设置简约的棚架
让外墙也成为观赏亮点

3. 在前院花坛上方设置花架，摆满花盆。立体感的演绎给人耳目一新的感觉。　4. 主人特别钟爱组合盆栽，把作品放在路人经过时容易看到的地方，并巧妙利用不同容器，体现季节的变化。

3

富有设计感的小窗
提升了整体氛围

在工作小屋的小窗上镶上复古风格的拼花玻璃，非常契合手工花园的风格。

利用木材和石材等天然材料
增加节奏变化

5. 车棚和深处的连廊之间，矮墙被涂成黑色。以此为背景，植物显得更加雅致。　6. 在入口和车棚的地面之间选用枕木和沙砾组合，营造出洗练空间。

4

绿色花园为人带来
身心清净的享受

层层叠叠的绿叶营造出魅力无限的空间

下面我们来介绍两处以绿树为主体的清新庭院，天使得越来越多的人种植于树木和草叶的绿色，再以此为背景衍生出各种场景小品。这种简洁之美，利用大小不同的叶片可灵巧妙地制造出层次感，

露台花园上单独一株藤本茉莉"白公主"（*Jasminum sambac* 'White Princess'）不可思议地爬满了整座花廊，层层叠叠的绿色让人不禁驻足来个深呼吸。

从色彩缤纷的花园
到被树木包围的绿色庭院

古铜色叶片的欧洲榛（Corylus avellana）、明亮的黄绿色金叶刺槐（Robinia pseudoacacia），清新而颇富层次感的绿色包围着庭院，树枝向高处无限伸展，从枝杈间透过的阳光在园中小路上婆娑起舞……

14年前园子刚建成时，这里曾经是一座满开三色堇和角堇的多彩庭院，而现在树木繁茂，这么多树木种植在这样小的庭院里，令人如同置身一片幽静的森林之中。

"我非常喜欢枝叶繁茂的感觉。在没有花开的季节里，色彩丰富、形态各异的叶片就成了这里的主角"。

主人10年前开始在园艺店工作，由此工作中逐渐感觉到绿色的魅力，随后便借停车位改造之际把自家园子来了个大翻新。去掉草坪、用砖铺小路、各种栽种的植物，都由自己亲自动手完成。溲疏（Deutzia crenata）和喷雪花之类主人大爱的树木是她亲自从盆苗开始培育，长大之后再移栽到玄关前的小路和主庭院的露台花园里的。

现在花园里除了褐色叶片、银色叶片、金黄叶片以外，各种树木的树形和质感、量感丰富多彩。在不到10年的时间里，主人让整座院子充满茂盛的林木、斑驳的树影，营造出身处森林之中的美妙意境。

庭院三：森林系庭院

精心打造场景小品，让庭院更出色

面积虽小，却打造出森林感觉的繁盛绿色

被树木和藤蔓包围的绿色会客间

种植光蜡树（Fraxinus griffithii）和藤本茉莉"白公主"以遮挡外来视线，选用小叶植物和不会给人造成压迫感的树形，轻轻环绕房檐，使人心情舒畅。

枝叶的绿色是眼睛得到放松安适氛围的通道

由高树、矮树、宿根地被植物构成了高低错落的绿色，包围着玄关前的通路。这样的背景下，白色的雪山八仙花"安娜贝拉"更加清新养眼。

彩叶和小花更加夺目

在繁茂的绿色衬托下

在玄关通道两侧分别栽种四照花和光腊树作为标志树，主庭院里则以砖铺小路为中心，重叠种植高的野茉莉（Styrax japonica）、矮的溲疏等树木，加强景深。以大量的绿色为背景，再搭配彩叶植物，让人百看不厌。

除了大量开出白色小花的树木，泽绣球花（Hydrangea serrata）和球根植物的蓝色、紫色、胭脂色、黑色花朵也非常抢眼。在这个充满野趣的庭院里，复古风情的铁艺摆件完全融入氛围。栽植的时候先把绣球花等最喜爱的植物安排在显眼的地方，再分别根据这些植物的姿态，选择花色、叶色、叶形、树形等与之搭配。

在选择植物的时候，要随时随地考虑视觉焦点。例如在花坛里斜植花苗，形成满溢的效果；在树上缠绕铁线莲和薜荔，有效利用狭窄的空间。

"一个人的时候经常在花园小桌上吃午餐，或是发发呆，这样的时光充满幸福"。这座满目绿色的庭院可谓是舒缓身心的好地方。

充满野趣的栽植方法可以增加庭院的规模感

园路形成的柔和曲线边种满了植物，小草的种植也造出仿佛要溢出来的效果，给人种子自播的野生感觉。

园路两侧
楚楚动人的小景
每天带来不同的欣喜

泽绣球花、映山红等开出朵朵小花，增添了院子的魅力。主人还栽种了很多对环境没有特别要求的球根，以迎接春的到访。

把素雅的摆件组合在一起更加引人注目

把复古风格的摆件集合在一起摆在木甲板露台上，成为点睛之笔。铁器上的锈迹和上面缠绕的清新绿色相得益彰。

Garden Map & Data

N

Flowerbed	Shed	Arch
Flowerbed	House	Flowerbed
Parking Arch	Flowerbed	Wood deck Table

面积／约80平方米

风格／绿意盎然的森林系庭园

现在关注植物品种／泽绣球花、圣诞玫瑰、山野草

木甲板露台的一角，多肉植物、充
满个性的观叶植物、白铁皮容器以
及苔藓斑驳的红陶盆和谐共处。

Idea 让庭院充满

叶片厚厚
的多肉植物
使角落
显得更润泽

伽蓝菜"白银之舞"
（*Kalanchoe pumila*）的银
色叶片非常可爱。在绿
色之中浮现出来的白色
多肉叶片小而紧凑，与
白铁皮容器配合得恰到
好处。

叶片
的运用
为花园增色

2

将各种色彩的叶片组合起来
增加小空间的视觉冲击力

即使同为绿色，花和叶片都是圆形的绣球花与长叶片的龙舌兰
（*Dracaena*）形成了有趣的对比。褐色叶片的新西兰麻（*Phormium
tenax*）又平添了些许异域风情。

3

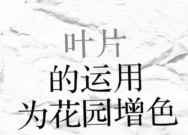

利用可移动花盆随意组合色彩

1. 即使是树木和宿根植物为主的庭院，也可以使用盆栽来灵
活搭配。通过小变动，改变氛围，特别是摆在玄关的迎宾植
物最适于采用盆栽。 2. 喜光的番茄和香草类植物，栽种在
盆里可以方便经常变动地方。

4

利用叶片的
层次变化
享受色调搭配的乐趣

叶片上有白边的野地菊
（*Chrysanthemum japonense*）、
银色叶片散垂下来的枸子
（*Cotoneaster*）、红色枝叶的
粉叶玫瑰（*Rosa glauca*），
即使在不开花的时候也是
非常靓丽的风景。

动人绿色的花园创意

把摆件杂货垂吊
在视线所及之处

3. 在凉棚下面的小桌周围随意搭上小链子,氛围轻松灵动。　4. 在凉棚里打造一个吊篮风格的铁艺花园。
5. 枝条柔长的藤本茉莉与曲线柔和的铁艺配合得恰到好处。

5

颇具个性的摆件
装饰稍显冷清的角落

把沧桑的天平隐藏在植物之间,锯齿边拱形下的动物纹样非常独特。

运用铁艺
来营造情调

6

8

叶片和铁艺
的曲线
随日照方向的变化而
变幻不同的影子戏法

缠绕在树丛之间的叶片和铁艺的装饰、格栅的影子随着日照角度演绎丰富的投影花样。

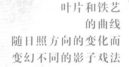

7

富有设计感的围栏
提升
园中小路氛围

浪漫的铁艺大门打开了通往种植天地之路。从这里开始可以充分领略植物茂盛的庭院。

木屋和棚架由主人亲手制作。朴素的淡蓝色与木屋的色调非常协调。

庭院四：居家小庭院

精心打造场景小品，让庭院更出色

各种小景穿插交织
耐人寻味的居家型庭院

空间节奏张弛有致　小景新颖层出不穷

风格独特的叶片和可爱的草花包围着主人的住宅，美好的光景让人过眼难忘。在路旁花坛里种了很多彩叶植物，从院子外面看去也让人感到心情愉快。

拾阶而上，穿过拱门走进庭院，是一派高原景象。石铺小路两边各种绿色郁郁葱葱，微风吹过，树木的影子在路石上摇曳，弯曲的小路更激发了人们一探秘境的好奇心。循着小路走来，穿过另一座拱门，展现在眼前的则是一个明亮的小房间般的空间。环状铺设的地砖让人感觉空间比实际更大，头上如穹顶般的落叶大树，既开放又安全。

手工制作的物件也是这座庭院的魅力所在。在院子的一角有 DIY 制作的木屋和棚架。在主屋的窗口附近，主人亲手布置的藤架上爬着藤本月季，在房间内也可以欣赏到这一浪漫的场景。

设计时把握张弛有度的节奏，让小巧精致的景观精彩纷呈，是这座居家庭院的独特魅力。

由彩叶植物组成
清新的前庭花园

金叶刺槐和绣线菊（*Spiraea japonica* ）非常明亮，古铜色叶片的美国红栌树调和了整体色调，让花坛张弛有度。

用体量硕大的
花盆调节路边氛围

在园间小路边用红砖搭建花台，把种有圣诞玫瑰的大花盆放在上面。丰富了枝叉间的空间，成为点睛之笔。

斑叶和白花
使小路
清新灵动

不规则形状的地砖和斑叶植物及白花交相辉映，给背阴处带来明快感。

室内居室一样
的秘密空间

穿过手工制作的拱门，展现在眼前的是一片惬意的小空间。因为完全不会被外面的视线打搅，是一片可以彻底放松的私密天地。

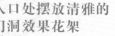

整座院子都能感受主人热情好客的性格

在入口旁边的缩进空间设置桌椅和当季的组合盆栽，让访客和路人感受主人的热情好客。

入口处摆放清雅的门洞效果花架

在玄关一侧的窗口设置环绕型花架。点缀各种饰品、配合植物的色彩，成为一幅油画般的风景。

用草花装饰天然石铺就的台阶增加自然的感觉

在台阶的一侧留出不铺石材的部分，栽上草花来烘托柔和的感觉。台阶的最上层摆放一只罐形的花盆，成为视线的焦点。

干燥的红砖映衬着绿意葱茏蜿蜒的小路引导人们前行

这是通往后花园的小路。资材与颜色的巧妙平衡让人倍感舒适。

Garden Map & Data

N

House

Porch

Table

Parking

Flowerbed

面积／约70平方米

风格／清新舒适的居家庭院

主人关注植物品种／大戟"宝石霜"（*Euphorbia* 'Diamond Frost'）

让绿色花园
$Idea$更整体的创意

利用摆件和
花园家具
建造立体花园

蓝灰色栅格和家具组合
让这个角落更富情调

1.庭院里的树荫下，用栅格和家具打造出富有情趣的一角。装饰架和桌子上装饰的绿色植物非常抢眼。
2.在植物之间摆上漆过颜色的椅子，增添素朴风味。

有效利用花台
使场景变化丰富

在沿小路种植植物的地方，加入枕木或石头堆砌的花台，或是烟筒状容器，为场景增加了节奏变化。

墙上的小饰品
让枝叶显得更可爱

3.将手作后的剩余材料制作成小房子装饰在墙上，形成甜美可爱的小景。
4.在与邻居家之间的栏杆上装饰铁艺锅垫等，充满温情，增添趣味。

种满月季与宿根植物的内院花园，是以素
淡的绿色和白色为主体的清新风格。美丽
的草坪和白桦树也是其中的重要元素

part 3

秋天是购买成苗的季节，
为来年春天设计绝佳蓝图，

用华丽月季
打造玫瑰花园

在草花中月季总是存在感十足。
她的娇嫩和冲击力无疑是景致中的绝对主角。
这里我们来看两座玫瑰花园，它们通过精心设置的拱门和藤架，把玫瑰之美发挥到了极致

庭院五：玫瑰月季的浪漫花园

精心打造场景小品，让庭院更出色

近百株月季构成
光彩照人的浪漫花园

天然材质的拱门上
浅色玫瑰非常抢眼

图片左侧白色玫瑰的品种为半重白玫瑰（*Rosa alba semi-plena*），右侧为"康斯坦斯精神"（'Constance Spry'）在白色门墙的衬托下，浅色花显得更加醒目。

粉色和白色的藤本月季
在围栏上竞相绽放

开花期早的藤本月季在车库旁的栏杆上盛开，数个品种交织在一起，满目高雅。要注意各个品种的色调统一，才能和谐美好。

终于让月季开满庭院
用各种办法克服严酷气候

这里的各种月季茂盛得几乎要涌到院外路边。整个春季，从花期早的古典玫瑰到四季开放的现代月季，各种月季在初夏的天空下竞相开放，异彩纷呈。

院子里最引人注目的是已经养了13年的藤本月季"羽衣"等几个品种。主人所居住的地区冬天非常冷、积雪很深，15年前开始想种植藤本月季，因不知道月季的越冬方法而伤透了脑筋。咨询月季协会和园艺店也没有得到满意的答案，都说不太可能成功，无奈之下只能自己来亲手试验。在种植的第二年，她尝试着把攀爬的枝条放下来并埋在雪中，

令人惊喜地安全过冬了。自那以后，主人就一直坚持使用这个办法来帮助月季度过严寒。

为了打理心爱的月季，主人每天都会到院子里观察，发现异常情况马上处理。因为小时候帮父母栽培月季，发生过喷药而造成自己中毒生病的事件，所以现在她完全不用农药，而是使用木醋液定期喷洒防虫。

这里主要选择白色和粉色品种，在重点地方使用浓艳色彩，使之富有层次。搭建的藤本月季屏障仿佛中世纪的拼花玻璃，让整座庭院古典而浪漫。

让颜色重叠千层
从而形成
立体而奢华的场景

从庭院的侧面看去，近处的是白色宿根花卉，中景是红色月季，往深处望去可以看到浅色月季。通过这样的花色搭配，使层次丰富，富有意境。

把不同花形
组合在一起
更衬托彼此的效果

近于圆形花的月季"藤冰山"（'Climbing Iceberg'）和长形花序的毛地黄（*Digitalis purpurea*）配合在一起。毛地黄的花色仿佛融进白色月季中，柔和美好。

庭院东侧朝向河边的散步小路，这里的美好景致常常使路人驻足。"羽衣"等藤本月季、草花、繁盛的树木，让此处仿佛一处美丽的小森林。

Garden Map & Data

N

House

Parking　Arch

面积／约220平方米

风格／清雅秀丽的浪漫风格

主人关注植物品种／野草类

自下而上开放的月季花下
修砌花草繁盛的花坛

在月季花下，栽种了郁郁葱葱的毛地黄和老鹳草（*Geranium wifordii*）等宿根花卉，上面是延伸到二层阳台的紫藤和啤酒花（*Humulus lupulus*），基调统一的花色以绿色为背景，十分协调。

素朴的木制花架上搭配着可爱的藤本月季"拉布瑞特"（Raubritter）。
左边的藤架上攀爬的是多花蔷薇（Rosa multiflora），再往里面是英国
月季"康斯坦斯精神"。门前的小椅子纤巧迷人，是景观中的点睛之笔。

色彩魔法

打造更加绚烂的
玫瑰花园

粉色和白色月季
与斑叶玉簪搭配

花架对面是阴地花园。颜色明快的金边玉簪与古典玫瑰"炼金术士"('Alchymist')的橙色和"普兰提埃夫人"('Mme Plantier')的白色交织在一起。

同色调组合在一起
是构筑豪华景致的好办法

以白色的"藤冰山"和"洛可可"等浅色月季为主角,紫色的毛地黄调节其中,华美而不失高雅。

有效利用白色
打造清爽的情境

藤架上的白色蔷薇和白桦树的树皮演绎清爽。在丰富的绿色背景下更增加了情境的美感,显得清静舒适。

使用两种深粉色月季品种
突出花形大小变化

近处品种是"路易欧迪"('Louise Odier'),深处品种是"安云野"。通过搭配花朵大小和密度不同的月季来衬托出远近效果,从而使视觉深远。绿色与白色花相衬托,深粉色花朵更加清新动人。

庭院六：柔美玫瑰园

精心打造场景小品，让庭院更出色

在搭配花朵的尺寸和颜色上用心良苦
成功营造出清秀宜人的景致

简练紧凑的花架
使空间显得更加可爱

1. 藤本月季"拉布瑞特"（'Raubritter'）搭在窈窕的拱门上，轻松自然，小雕像烘托出浪漫氛围。2. 玄关旁边的墙面上攀爬着以藤本月季"芭蕾舞女"（'Ballerina'）为主的小花门，缤纷炫丽。

这座玫瑰园的主人是一位布花艺术家，在创作布花时需要把握布料纤细的颜色，职业造成的敏锐色感正好在自家庭院的月季配色上大显身手。

通过各种不同的形式
充分表现月季的魅力

小小的玫瑰花园往往让路过的行人放慢脚步。这里以"玫瑰盛开的自然花园"为目标，在建筑物周围的凹字形空间里，种植了以古老玫瑰为主的约60种玫瑰和月季。

以面向南侧道路的主花园为中心，通过简约的拱门、藤架、方尖碑等各种形式展现玫瑰的魅力。为了让这个被华丽花朵包围的小空间不会有压迫感，主人在其中巧妙地穿插了众多小花型品种，使风景有张有弛。

不同颜色协调地糅合在一起，形成渐变效果，是自然派造景的秘诀。主人说："我把主色调定为浅粉色，配合或深或浅的同色系花，最后再适当点缀紫色花作为亮点。"在花的品种搭配上精心考虑，整体的景观实现了柔美而不甜腻、沉稳又不单调的效果。

在植物之间搭配的拱门和方尖碑仿佛让月季拉起手来，形成波浪般的花海，完美地包裹着整座小院。

藤架上覆盖着暖粉色的藤本英国月季"农舍玫瑰"（'Cottage Rose'）和颜色偏深的古典玫瑰"波旁皇后"（'Bourbon Queen'），成为庭院的视觉焦点。

盆栽的红色天竺葵
使凉棚显得深邃

在园中小路上的凉棚深处设置花台，摆放红色的天竺葵盆栽。为柔和的粉色月季增加层次，并制造出深远的视觉效果。

藤本月季在围栏上
攀爬出纤细婉约的曲线

在藤萝架一侧的围栏上，浅粉色小花的藤本月季"科妮莉亚"（'Corneria'）身姿摇曳，与白色的围栏搭配，形成一片让人留连忘返的景致。

以白色围栏为背景
用迷你月季的盆栽
打造可爱的场景小品

在架子上装饰小盆月季，把视线引到近处。在白色围栏的衬托下，深深浅浅的粉色月季更显可爱。

在手工制作的棚架上装饰
杂货摆件与月季相得益彰

玄关前的墙面做成展示区，在墙面安装白色的精巧架子，先把月季牵引到架上，再垂吊一些杂货类饰物，充分体现主人的创造力。

Garden Map & Data

N

Table
Arch

Pergola

House

Porch

Arch

Arch

Parking

面积／约70平方米

风格／色彩融合的柔美风格

主人关注植物品种／

古典玫瑰（波旁系品种）

和谐优雅的
玫瑰花园

**紫色铁线莲
把粉色月季
衬托得非常高雅**

粉色系小花的藤本月季
"芭蕾舞女"和中等花型
的英国月季"玛丽罗斯"
('Mary Rose'),配上紫
色铁线莲,精妙的色彩
组合让人为之感动。

**小鸟浴盆里
飘浮的花朵
为白色月季
增加高雅气质**

在稍显冷清的遮阴角落里,
摘些花朵放在小鸟浴盆中,
立刻就变身成为浪漫小景。

**白色架子上陈列摆件
和绿色植物
构筑一个清新的空间**

油漆的白色与种满绿色的盆栽
为飘满甜美氛围的庭院带来一
抹清凉,白铁皮和陶器更可提
升整体氛围。

**在甜香四溢的氛围里加入
蓝色元素营造清爽感觉**

在白色和粉色月季交织的花坛加入蓝色小
草花,不仅带来清凉的感觉,还可以营造
出深远的视觉效果。

整体的绿色
是让石头
自然相连
的纽带

地面随意铺设的石头间，绿色草叶起到过渡作用。使用景天或马蹄金等搭配填充，虽低调却美好。

Part 4

向造景高手学习

选配植物提升品味的种植创意

要打造令人赞叹的美景，植物的鲜润和色彩是必不可少的要素。这里，我们将汇集一些前文未能详尽介绍的精彩场景，以供大家在设计自家庭院时参考。

打造郁郁葱葱的足下风情

从整体平衡的角度配置植物。缓和砖块或石头等地面材料的冷硬感，提升整体氛围。

映出绿意的
休闲水盆

白铁皮水盆被周围栽种的苹果薄荷和常春藤包围，郁郁葱葱。

暗色四叶草
增添韵味

茂盛绿色中放置着旧式物件，搭配栽种了黑色四叶草，别有一种幽邃风味。

栽种比较醒目的植物
装饰花坛立面

在玄关前花坛的立面处留出能栽种植物的空隙，种入彩叶植物，可以起到缓和砖石冷硬感的效果。

巧用 容器 调节氛围

为了给无法地栽植物的地方增添色彩，可以使用容器栽培植物。通过不同的配色或装饰方法，来展现植物的欣欣向荣的感觉。

盆栽搭配植物的要点是 随心与自然

在花坛植物中的石头上摆上多肉植物组合盆栽，铁皮喷壶在花草掩映下更显可爱。

用观赏植物 打造出插花效果

在丝兰的花盆里栽种蔓柳穿鱼（*Cymbalaria muralis*），放射状的叶片和透过围栏的阳光演绎出空间美感。

暗色外墙 把花色衬托得更加鲜艳

在木栅栏上使用栅栏种植箱等容器，种植常春藤叶天竺葵或是鞘冠菊（*Coleostephus myconis*）等的组合盆栽，让窗口的风景更加绚烂。

白色小花 开放在 低调的叶丛中

把矾根组合盆栽装饰在门口，白色的花朵与秋海棠（*Begonia grand*）和远处的奥莱芹遥相呼应。

使用黑背景来 收敛茂盛的绿色

"铁艺椅子＋方形花盆＋观赏辣椒"，大量的黑色使整体氛围宁静稳重。

Point3

把空间和墙面立体地展现出来

大面积的墙面和围栏是展现种植效果的绝佳画布。有效地立体种植，可以为空间增加深远感。这些地方处理得当，将成为左右庭院氛围的决定因素，所以一定要慎重选择栽植品种。

被白色和粉色花包围的冥想长椅

简朴的长椅上方静静开放着白色藤本月季，旁边搭配粉色毛地黄，形成了一个浪漫空间。

自然攀爬的枝条可缓和拱门的硬线条

在简约风格的花架折角处，藤本月季的枝条松松地缠绕其上，遮住生硬的尖角，自然柔美。

藤蔓植物的深浅花色更加衬托出摆件的清新风格

空调室外机的外罩上搭设架子，白色箱体上放置各种小摆件，周围再缠绕藤本月季和铁线莲，成为一个表现力十足的舞台。

用柔和的花草覆盖枯燥的水泥构件

这是车库旁的一处小景，风铃草和老鹳草等充满野趣的花草从齐腰高的墙端垂下来，使枯燥的水泥墙绵意盎然。

**韵味十足的吊篮
提升整体氛围**

在与邻居家相邻的背阴处围栏上，把常春藤等耐阴植物自然装饰在吊篮里，平添些许明亮。

**让外墙与月季的颜色相调和
营造出柔和气氛**

在屋子一侧摆上白色藤架种植藤本月季，脚下用栽种小花的盆栽作为装饰，极具风情。

**使用纤细的
树木和观赏草类
打造清爽角落**

屋旁一角被绿树繁花环绕，在黑色外墙和天然石材地面的衬托下，植物的绿色显得清新明快。

**立体组合的
绿色效果
可以吸引路人的目光**

以稍显呆板的水泥墙为背景，油橄榄树、常绿白蜡树（Fraxinus griffithii）与小草描绘着一片盎然生机。

**用蓬蓬松松的花朵
柔和地
分割空间**

在分割空间的矮墙上设置了木栏，脚下种小小草花。顶部缠绕藤本月季，形成华美的花篱隔墙。

令人心动的秋季庭院打造技巧

充分彰显只有这个季节才有的风味

一个只有这个季节才能感受到的、更加美丽的花园世界。

秋天，植物即将枯萎前，焕发异彩。红色、黄色、橙色和茶色，五彩交织。在欣赏自然风景之余，赋予其别出心裁的创意，就能打造出

迎着金黄色的阳光，在秋风中摇曳的黄色鬼针草（*Bidens*）和山桃草（*Gaura*）。

淡淡清寂之中
秋日独有的闪闪光点

植物们旺盛地抽枝蔓叶的季节结束了，到了庭院里渐渐沉寂下来的秋天。园丁也感到肩上负担一轻，进入了心境平和的季节。

莫名的淡淡寂寥正是秋季庭院独有的风格，植物的生长循环逐渐接近尾声，失去滋润的树木花草在秋风中含着忧郁，人亦心生愁绪与感伤。与绿意盎然的春夏庭院截然不同的魅力风景，让我们的心灵为之沉淀。

将秋日庭院打造得更有魅力的是"阳光"的魔法。随着太阳直射角度的降低，阳光开始带上鲜红色。这一色调，调和了红叶和枯枝的色彩，为它们添上一份暖色，更衬托出温馨的美感。

花期较长的花朵，比起其他季节颜色也更浓郁几分。气温逐渐降低，它在慢慢地孕育花蕾，因而才能开出色泽深厚的花朵。

这就是自然法则下，风味浓厚的秋日风景。运用这些天然赐予的同时，再加上些许功夫，就能创造更加具有成熟魅力的景色。

雅致的棕色栅栏上装点着种在白铁皮罐里的多肉植物和果实。王瓜的橙色添加了几分温暖的色彩。

活用
反差色
让秋色更浓郁

秋季，植物渐渐失去水嫩，万物逐渐回归到大地的颜色。如果放任不管，花园风景就会变得单调沉闷，所以建议大家加上对比鲜明的花色，在景色中提亮重点。使用色泽浓艳的花朵、能将周围环境衬得明亮的白花以及色彩跳跃的花朵，创造出抑扬顿挫、令人百看不腻的风景。

被两种颜色红叶映衬
花色艳丽的大叶醉鱼草

以秋季变红的花木枝叶为背景，凸显出深粉色大叶醉鱼草的美丽花色。茶褐色的残花也别有一种残缺美。

用暗色的观赏草
把色彩丰富的花朵
统一起来

用紫叶狼尾草的铜紫色叶片将鼠尾草、鬼针草等五颜六色的花朵连接起来，构成情调浪漫的花坛。

把秋天的颜色有机组合起来

亮色＋暗色

带来清爽气息的浅蓝色鼠尾草　　温暖明快的橙色野菊　　色彩深邃迷人的斑鸠菊 (*Vernonia esculenta*)

×

醇厚的泥土色

左／已经从地表部分开始干枯的蛇鞭菊，花穗上还残留着些许原先的淡粉。微妙的颜色和奇特的花形充满魅力。　右／芦笋的黄叶随风摇曳，仿佛在流动。

让花园杂货也拥有
装饰效果的要点

随意搭配些装饰性杂货，将秋日庭院衬托得耳目一新。给不起眼的风景搭配鲜花或同样显眼的装饰品，一下就能给人更深的视觉印象。

混凝土墙壁上攀缘的植物已变成淡淡的茶褐色。在缺少色感的背景上，加上一盏让人感到温暖的红色提灯。

刷上淡蓝色油漆的百叶窗，给平庸的风景瞬间抹上一抹亮彩。

Point 2
把疯长的枝叶
也留下来
享受
纤细柔弱的风情

在秋季能观赏的花卉中，很多都是从夏天一直开到秋天。因为长时间开花，草的长势很容易凌乱。不过，在秋风中摇曳的姿态，别有一番淡淡的哀愁味道。与其因为"花又少又难看"就早早地将其剪除，不如留下来慢慢欣赏这种柔弱朴素的美。

种植一大片在风中婀娜摇摆的草花，阵风吹过，花园就像海面一般连绵起伏，仿佛能用双眼欣赏到飒爽的秋风。

让群生的大片植物
在秋风中摇曳

让柔软的线条
更具观赏性

将秋牡丹 (*Anemone hupehensis var. japonica*) 成片种植，强调线条纤细的柔美感。前方种些枝条稍硬的白色小菊花来调节平衡，打造成富于安定感的风景。

不起眼的花朵
以量取胜

从夏天起就一直盛开的野鸡冠花 (*Celosia argentea*)，几乎只在花穗前端留有花朵。让它们丛生来制造出量感，使花朵看起来不那么单薄。

活用伸展枝叶的
奔放姿态

从春、夏到秋，度过了生长期的花草，枝叶都生长得相当长了。但这也是只有秋天才能看到的景致，尽情观赏它们在风中摇曳的奔放姿态吧。

快要倒伏的花草
坚强的姿态令人心生共鸣

大波斯菊和马利筋快要伏倒在地上的姿态，是秋天独有的风景。鲜明的橙黄色为整个画面添上几分暖意。

旁若无人地生长的枝蔓
自有一种种颓废的美

枝叶四处伸展的蓝雪花和生锈的牛奶罐演绎出秋日的萧瑟风情。残留在顶端的小花，恰到好处地为这个角落添上一抹亮色。

呵护心爱的花儿
直到晚秋的最后一朵

在气候严寒的地方，降雪前的晚秋需要对宿根草进行修剪。这时往往还有花朵在不遗余力地开放，让我们一边怜惜地留下那些小小花蕾，一边和修剪过的植物们依依惜别吧。

金光菊

紫松果菊

Point 3
丰盛的果实
为景色添上
温馨表情

夏天的果实大多富于透明感，而一到秋天，色彩深沉的果实就骤然变多起来。试着用这种微妙的色彩组合来烘托庭院的气氛吧。那压弯枝头的果实，着实让人的心情也随之变得丰富多彩。

艳丽的小小红果
打造可爱的一角

蔷薇果给窗边添加温暖色彩。蔷薇的果实由于品种的差异大小也各不相同，它们的果实与花朵一样值得关注。

用漂亮的果实和深色的叶片
打造成熟的风景

木制的藤架上覆满旺盛生长的爬山虎。深色果实为角落染上雅致的颜色，和郁郁葱葱地垂下的藤蔓一起，将气氛烘托得更加热闹。

Point 4
用秋冬盛开的花朵
营造出对抗严寒的
季节感

鬼针草
花期10~12月份
菊科宿根草。在庭院花坛沉寂下来的晚秋到冬天，不断绽放黄色的花朵。强健而容易繁殖。

庭院里加上染有冬天色彩的花朵，就能更强烈地感受到季节的变迁。耐寒绽放的花朵，能传达出冬天清冷透明的季节感。

冬日绽放的铁线莲
花期12~次年3月份
毛茛科藤本宿根植物。向下开放的白色或灰白色花朵，花色虽不华丽，但别有一种清秀的美。

原生仙客来
花期11~次年3月份
报春花科多年生草本植物。即便是冬天也可以放在屋外观赏，不过在没有强霜降的地区，推荐用花盆栽培。

个性鲜明、冷峻脱俗的花园

黑色植物的活用妙法

颜色的运用是影响植栽印象的重要因素，可谓花园要素中的魔法师。
特别是引入了黑色的花朵和叶片后，立刻能让花园脱胎换骨、别具一
格。本篇我们就来看看近年备受注目的黑色植物。
已经厌倦花园里千篇一律的色彩组合了吗？那么黑色植物是你不二的
选择！

近年在花店里经常能看到带有黑色名字的植物。不仅彩叶植物中多了许多黑色身影，就连矢车菊（*Centaurea cyanus*）、蓝盆花（*Scabiosa atropurea*）这些原本走甜美路线的植物里也出现了黑色的花色。要问为何黑色如此人气高涨的原因，首先就是它所特有的颜色特征了。

在表示颜色性质的词语中，有一个表示明暗的词语："亮度"。所有颜色里亮度最低的是黑色，最高的是白色。色彩组合中，亮度越高的颜色越显眼，也就是说如果其中有黑色的话，旁边其他的颜色就自然而然地显眼起来。另外，亮度低的颜色有收缩、后退的效果，"白色衣服穿着会显胖，穿黑色衣服则显瘦"这句话说的就是这种效果。

不同的颜色给人的印象也不一样，黑色常常用于正式的场合，很多人看到黑色都会有一种典雅庄重的感觉。同时，黑色也常被认为是个性化、高雅和坚强的象征。

灵活运用黑色的这些特点，可以映衬其他花色更艳丽，让整体植栽产生统一感，从而演绎出成熟冷艳的风格。如果对现在的设计感到不能满足，黑色植物是一个值得尝试的好素材。

使用黑色植物的3个效果

题的大门钥匙。归结起来，黑色植物具有以下3个效果。

黑色植物所具有的神奇魔力，也许能成为解决你花园烦恼问

效果1
使周围花色更明亮

亮度低的黑色能够突出其他颜色的色彩。如果放置在白色、黄色等明亮的花朵旁，则提亮的效果会更加突出。为了便于把握分量，推荐使用黑色植物中小型花朵品种。

效果2
增加凹凸的立体感

让视觉收敛、后退是黑色的特征。突出植栽的同时，也能表现出阴影等立体效果。适合需要超脱平淡的小空间植栽或是打造立体化效果。

效果3
时尚的印象 成熟的氛围

颜色花俏的搭配中加入黑色，可以产生沉稳感。特别是以白色和粉色为主调的花园，使用黑色叶片和花朵能展现出成熟的韵味，也能增添典雅的气氛。

Column

植物与"黑色"的小知识

虽然各种带有"黑"字的品种在不断增加，但植物的花朵和叶片中是不存在黑色素的，所以也不存在真正意义的黑色花朵和叶片。所谓黑色植物，其实是极深的红色或紫色。了解了这种奇妙色彩的秘密，看穿黑色植物表面下隐藏的深红浓紫，就能在搭配时充分发挥黑色元素的魔力。

黑色植物花园的 *13* 个重要秘诀

首先我们将展示使用黑色植物描绘出的美丽情景。然后学习如何根据不同的搭配方法，创造各种各样的气氛。最后介绍登场的黑色植物和植株高度等基本资料。尝试从中找到你想要种植在花园的品种，让花园面貌一新。

保持花朵华丽的 花

别致而华丽的黑色花朵让人联想到黑色的晚礼服裙。可以用来搭配明亮的花色，也可以用于组合种植……无论哪种用法，都演绎出其他花色所无法实现的崭新的庭院风格。

Hint 1

在篱笆前使用 2 种株高不同的黑花植物表现灵动变幻的感觉

在篱笆前添种了黑色的矢车菊和香石竹，大胆使用高低差来营造动态美。

香石竹 "黑铃"
（'Black Bell'）

一年生石竹科植物。春天到夏天开出红黑色花朵。株高 30～50cm，叶片和茎上也带有黑色。

矢车菊 "黑球"
（'Black Ball'）

一年生菊科植物。矢车菊的重瓣品种，开花期从春天到初夏。株高 90～120cm，适合大片种植。

蓝盆花 "黑骑士"
（'Black knight'）

一年生川续断科植物。开花期从夏天到秋天，在红黑色的花瓣中混杂着白色花蕊的独特花朵。株高 30～50cm。

Hint 2

搭配浅色玫瑰，呈现出华丽景色

左／用黄色玫瑰和红色铁线莲围起的篱笆。草丛里种植的黑色蓝盆花把各种色彩融为一体。
右／和淡粉色玫瑰搭配的黑色珍珠菜，微妙的酒红花色和粉色玫瑰十分协调。

珍珠菜 "博若菜"
（'Beaujolais'）

报春花科宿根草。从春天到夏天开出酒红色穗状花朵。株高 50～80cm。银色叶片也是其另一大魅力。

盆栽中性格各异的花朵
构成色彩平衡的组合

黄色和红色的郁金香与黑色堇菜的组合。不稳定的下方用黑色花朵收缩统一，色彩配合实现绝妙平衡。

菫菜"黑杰克"
（'Black Jack'）

紫罗兰科一年生草。开花期从11月份到次年5月上旬，深紫色花瓣中带有黄色花蕊的花朵。株高10～15cm。

Hint 4
为可爱的白色花园
增加稳定感和立体感

大片种植的蕾丝花中隐藏着颜色独特的矢车菊。同为野生风味植物，自然地结合在一起。

Hint 5
从红到黑的层次
变化增添叶片和
装饰物的明亮

在中间连续种植的黑花品种绣球、珍珠菜和堇菜。野芝麻（*Lamium Barbatum*）与石头装饰物搭配得恰到好处。

Hint 6
令人驻足的蛇形
蜿蜒的花园小径

在花园小径拐角处种植了巧克力波斯菊。清新明亮的草花丛中，深褐色的婀娜花姿让整个风景有了焦点。

巧克力波斯菊（*Cosmos atrosanguineus*）

菊科多年生植物。在初夏的傍晚会开出有着巧克力芳香的红黑色花朵。株高50cm左右。

还有更多值得关注的黑色花朵品种

楼斗菜"黑巴洛"
（'Black Barrow'）

亚洲百合"兰迪尼"
（'Landini'）

长春花日日草

毛茛科多年生植物。重瓣的楼斗菜园艺品种，开花期从春季到初夏。

百合科球根植物。夏天开出有光泽的黑红色花朵。株高100cm以上。

夹竹桃科一年生植物。5～10月份开出周围深紫色，中心白色的花朵。

散发着孤高冷冽气息的

叶

黑色叶片有鹤立鸡群的效果和收敛感。但栽种时必须牢记，它同时也是一种后退色。叶片的大小和质地使整个植栽给人不同印象，选择品种要慎重。

Hint 7
在直立树木中种植
保持空间的平衡

在直立型树木扇形的主枝干底下稀疏种植黑叶橐吾。大叶片带来安定感，强调出干练的美。

橐吾"午夜夫人"
（'Midnight Lady'）

菊科多年生植物。叶茎向上直立生长，黑色中带有绿色的叶片宽广地展开。很容易长成紧凑的植株，夏天会开出黄色花朵。

Hint 8
在白花和银叶
之间制造阴影效果

在长椅边，剪秋萝（Lychnis Cognata）的白花和绵毛水苏的银叶演绎出明媚小景。黑叶的矾根提高了亮度和植栽的立体感。

矾根"紫色宫殿"
（'Palace Purple'）

虎耳草科宿根植物。闪亮的红紫色叶片，株高30～40cm。夏天开白色小花，可以利用自播繁殖的小苗种植。

紫叶酢浆草/紫色三叶草

酢浆草科宿根植物。青铜色叶片，株高50cm左右。夏天开出白色小花，可作为地被型植物种植。

Hint 9
自然混栽，
成为独具一格的
地被植物

上／在玄关的边角处种植的紫叶酢浆草。与锈色的铁栏杂货形成极妙的场景。
下／在细叶密集的地方种植的黑叶筋骨草，在平坦地面上展现出立体效果。

筋骨草"巧克力片"
（'Chocolate Chip'）

唇形科宿根草。深紫色和绿色细长叶片混合生长，从春到初夏开出淡紫色穗状花，与叶片形成美丽的对比。

增添石阶的色彩,
吸引角落里的视线

在台阶缝隙间种植酢浆草和活血丹
(Glechoma Longituba)。使得石阶颜色丰富
多彩,线条引人入胜。

紫叶酢浆草

酢浆草科多年生草。深紫色的叶片有
着独特的三角形状。初夏到盛夏会开
出淡粉色花朵。

Hint 11

组合花盆里的黑叶
让纤细叶片显得整洁利落

马铃薯盒子DIY成的棚架上放置
几个小花盆。下方搭配黑色四叶
草,和旁边的银叶形成鲜明对比,
收紧整体空间。

黑叶四叶草
(*Lotus Corniculatus L.*)

豆科宿根草。四叶草的黑色品
种,株高10cm左右。初夏会
开出如同白色三叶草般的花
朵。叶片以四叶居多。

Hint 12

叶片色彩的连接
形成整体感

在矾根“紫色宫殿”周围搭配的是有
着紫色叶脉或茎秆的植物。各种各样
的叶片产生了统一感。

Hint 13

叶色的差别
扩大空间的立体感

在有着浅绿色叶片的刺槐两旁
放置酢浆草花盆,明暗差别体
现出阳台的宽度和立体感。

还有更多值得关注的
黑色叶片的品种

新西兰麻“巧克力饼干”('Chocolate Cookies')

龙舌兰科多年生
草。有着细长的
茶色叶片,株高
60~70cm,令人
印象深刻。

婆婆纳“牛津蓝”('Oxford Blue')

玄参科宿根草。
小型叶片平缓茂
密地生长。春天
会开出蓝色花
朵,秋天叶片则
变为红色。株高
10cm左右。

大戟草“杜尔奇斯”('Dulcis')

大戟科宿根草。
株高50cm左右。
深紫色叶片在秋
天变成红色。耐
热耐寒性强。

利用仅仅2米宽的狭长空间

铺设一条漂亮小径的诀窍

外墙旁边或是住宅后面经常可以见到又细又长的空间，因为很难处理，常常被放任不管。把这样的空间化身为精美的小径，庭院的观感也会焕然一新。我们的设计师将介绍建造花园小径的方法和提升花园格调的要点。

大幅提升庭院风格
具有脱胎换骨的效果

了解花园小径的魔力

花园小径承载了通往另一个美妙世界的期待和神秘感，是花园里一个独特的元素。在造园时，不可忽略小径这一要素的重要性。

建造小径首先需要舞台。今天我们就把目光移到大家花园角落里一个通常沉睡着的空间——建筑物旁的狭长小路或枯燥无味的过道，在这个狭小的空间里，打造出美丽的小径。稍微动动脑筋，花园就会呈现全然不同的景致。

庭院是生活空间的一部分，不仅要好看，还需要兼具实用性和舒适性。小径建造也不可脱离这一法则，让我们根据空间的环境和用途，建造一条真正的美丽小径。

掌握打造一条
出类拔萃花园小径的

三大要素

Point 1
地面铺上铺装材料

Point 2
设置花园设施

Point 3
斟酌栽种组合方案

三大要素即使不能都满足，也同样可以进行小径上的栽种创意。频繁使用动感线条，享受向远处眺望的乐趣。空间的目的不一样，小径的建造方法也各不相同。认真考虑环境条件，建造你心目中的通幽曲径吧。

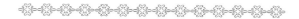

Point 1　　地表用铺装材料铺装

营造气氛所必不可少的铺装
选择合适的材料是成功的关键

地面覆盖铺装材料后，整个空间的气氛会为之一变。选择哪种适合庭园风格的材料？是否全体铺装？怎样制造出蜿蜒曲折的感觉？如何设计富于节奏的踏脚石？乃至采用何种铺装方法等都是需要考虑的要素。这其中决定的要素还是小径使用的便利性。

作为死角的环境常常在荫蔽处，湿度可能较高，如果采用容易打滑的材料就不安全，必须考虑周全再选择适当的材料进行铺装。

让人想起欧洲小镇上的石板路怀旧气息十足的小方石块是人气的素材

铺装上就有一种浓浓的怀旧气息。方形石块是近年流行的铺装材料。在石块间加入土壤让青草蔓生，更具风味。目前以较薄的石块为主流，建议委托专业公司，在施工时用灰浆固定。

韵律感十足的朴素踏脚石和无论哪种风格的庭院都很搭配

天然石的踏脚石朴实无华，既适合怀旧乡村风，也适合时尚的现代庭院。注意排列时不要太整齐，适当的大小不一和随意的放置，让地面产生变化。

红砖小径，是任何人都向往的景色。只需土地施工就可以完成，非常容易建造也是人气的理由之一。但是因为具有吸水性，在湿度高的地方会容易打滑。

红砖非常容易制造出气氛是万能素材

天然石块的平铺不具有自然感但是功能性上佳

质朴风格的真砂土是优秀的铺装材料

作为日常生活的一部分，自然石的平铺值得推荐。表面平坦利于行走，而且气氛上和整体住宅有一体感，和植物也十分和谐。给人典雅稳重的印象。

真砂土是砂状的花岗岩风化形成的碎粒状土壤，适合平地铺装，排水性好，不会积水。还有防止野草生长的效果，可以实现低劳力维护。

制造具有纵深感的空间
富有立体感的花园硬件功不可没

　　越是狭窄的地方，越是需要大型的硬件让气氛得到改善。例如，放置一个玫瑰拱门，遮挡住丑陋的电线杆或是邻居家晾晒的衣物架，而把数只拱门连接起来，就可提升整体环境的深邃感。入口处的大门或头上覆盖的凉亭，都可以实现不同的可能性。利用花园硬件来创造出视觉魔法，进一步提升小路的品质。

可爱的木门让人对
前方花园浮想联翩

在凉亭和花门的绿色空间里放置紧凑的花园家具，成为休憩的好场所。桌椅同时成为小径上的目光终点。

用花园硬件包围
配上户外家具
变成房间般的
休闲场所

一边在花架后面让人窥见展开的美好庭院，一边又用白色的木门阻挡视线。让人不由得浮想联翩，向往着推开门扉，走入其中一探胜景。

硬件的叠加
让深邃感倍增
是成功的秘决所在

藤本月季的拱门前方，是一道遮挡邻居外墙的木板墙。双重构造的效果，使小径更有深度。

在小路上方设置与它宽度相等的花架，成为一条绿意盎然的隧道。因为宽度有限，非常容易覆盖，拘束的外墙不再引人注意，而成为一个奇妙的绿色空间。

连续排列的
拱门和花架
用植物盘绕其上
形成印象鲜明的景致

古铜色的
彩叶植物与
丰沛的绿色变幻交替

自然派的花坛植栽中间种植的红叶李树的深暗色调，与旁边的叶片相互映衬，浑然一体。植物的光影变化，造就了一条风格十足的小径。

充分考虑今后花草生长的可能性，灵活演绎富有流动感的植栽

　　第三个要点是用最简单的方法、最经济的手段，实现效果美观的种植。使用哪种植物进行组合，用多少数量来组合，孕育出的氛围都各不相同。栽种的植物色彩和数量加上强弱变化，可以为小路营造出变化流动的感觉，增加气氛。利用植物的高低错落，则又可以演绎出深邃的感觉。需要注意的是过分生长的植物会妨碍通行，另外也要留意不要让植物的枝叶长到邻居家而影响他人。

突出的植栽技巧给小径增添了灵动感

直线型的小径上种植着以玉簪为中心的浑圆饱满的植株，自然把小径分出来。锯齿状参差的植物，让园路形成天然曲折。

具有香味的植物给予我们清凉感

合理构造植栽，精心打造的小径令人心旷神怡

牛至、百里香、洋甘菊等矮小或匍匐型香草，种成一条通过时就可以感觉到芳香的小径。大型的香草，例如薰衣草或是鼠尾草不适合在狭窄的路旁种植。

虽然空间极其狭小，却因为植物的松散点缀和银叶菊的叶色而形成起伏变化。铺石间冒出的小草青绿可爱，酝酿出自然的氛围。

小庭院的
Greeting of the season
季节问候

醉鱼草后面是正在变成红黄色的树叶，典雅的搭配烘托出浓厚秋意。

[清爽] 和 [温馨] 这个季节的关键词——

温馨的色彩
演绎秋日丰盛

　　秋风送来凉爽。清凉干爽的秋天，是最惬意的季节。一个"爽"字几乎已经成为形容秋天的经典字眼。

　　秋天的阳光渐渐变得柔和，自然界染上大地的醇厚颜色，树木花草的叶片相继脱落。在秋季的花园里，花草们也同样变换了色彩，棕褐色是秋景的基调。

　　大家常说秋天的玫瑰开得特别美丽，这是因为气温下降使花苞生长缓慢，营养聚集后，才形成了我们所看到的令人称赞不已的花色。夏天不断开花的紫菀、鼠尾草、大丽花和金光菊等浓色系花，也同样转为浓艳的色调，与这个季节非常搭配。

　　另外，色泽浓艳、光泽闪耀的玫瑰果实也同样美丽诱人。除了原种系的紫枝玫瑰、硫磺蔷薇、法国蔷薇、野蔷薇外，"胭脂蓝巴勒""芭蕾舞女""莫扎特""佩内洛普"等园艺种都可以结出果实。各种玫瑰果的形状大小都不相同。要想欣赏到美丽的蔷薇科果实，必须在春天花后保留残花的枝条，才能结果。

　　仅仅是深色调的花朵，会显得气氛过分沉重，不妨添加一些亮色或暖色系花草来提升气氛，例如轻盈的观赏草或是山桃草等颜色浅淡的植物，就能描绘出清淡飘逸的美景。

从左开始／在深秋景色里映照出生动简洁的三脉紫菀。／八仙花枯萎的样子。雪山八仙花"安娜贝尔"这类在花期后通常进行修剪，但保留数根枝条就能欣赏到残花萧瑟的风情。／为花园增添明亮的园艺种菊花。／大丽花和野蔷薇果的组合。

从左开始 / 墙角随意摆放两个铁皮篮子，展现日常生活之美。/ 藤本月季中点亮的灯笼。手工制作的铁框等与橘色灯光温馨宜人。/ 简单花样的建筑物墙壁和植栽自然搭配。/ 围裙和扫帚也传达家常生活的脉脉温情。

布置秋日花园：增添富有生活气息的物品
增添日常温馨

　　花园是人类和自然接触的场所，也是日常家居和梦想空间碰撞的地方。把花园中的植栽和住宅中的家居生活融为一体，让花园充满浓郁的日常气息，增添温馨的感觉。

　　秋日花园的造型主题，应以整洁清爽为主。控制植物种植数量，把空间整理得简洁利落，

　　木屋等大型构造物，叉子、木桶、马口铁的喷壶等工具要放置得当，不能突兀打眼。可以根据个人喜好，选择适合花园气氛的种类，这些物品都以自然柔和的风格为佳。因为只有整体低调的环境，才能烘托亮点植物和专门为之准备的装饰物的美感。

　　即使有了一大堆装点花园的创意，也不能一口气全部铺陈出来。可以随着季节变化，更换相应物品，以享受气氛的变迁，同时也给予空间良好的秩序感。喜欢零星小物件的朋友，不妨设置一个专门的展示场所。棚架的角落或是工作台的周围都是适于陈列摆设的地方，可以充分享受自己设计的乐趣。

　　发挥主人个性，布置富有生活气息的家居装饰。让清爽感和温馨感融为一体，就一定能打造出一个舒适宜人的空间。

把马口铁制的杂物归拢到古董桌上，耐人寻味。细心的布置，让人觉得心绪宁静。

在家具的蓝色油漆下其实还有一层粉色的油漆，经过做旧处理后，成为绝妙的色彩搭配，衬托得桌上的薜荔花盆清新油润。

使用油漆涂刷
提升花园的格调

油漆过的家具和容器有着温暖的外形，使用做旧加工涂料更能提升品位。在冷色系的基调上涂上暖色，朴素自然。

小黑老师的园艺课

Gardening Lesson

利用暖色和黑色打造色彩缤纷的秋季花园●大受欢迎的暖色系

一叶知秋，不经意间看向花园，树叶上有夏虫啃食出来的虫眼……早晚气温下降，一日之间有很大的温差，终于又到了满目红叶的季节。空中飘荡着淡淡哀愁，花坛中也蓦然充满了秋意。

在这个季节，花园的养护工作渐清闲，可以沉下心来慢慢欣赏花草的美景。也可以从草花们悠然的静美中获取灵感，来把庭院装饰得更加美丽。

将暖色调的小菊花、珊瑚珠（*Rivina humilis Linn.*）果实和红叶枝蔓收集起来，与带有秋天气氛的草花搭配成花环或组合盆栽。如

果感觉花坛有些稀疏，正好利用这些花草作为亮点来装饰一番，使花园变得热闹起来。

秋季花中值得注意的是小花型的园艺菊花。它有着丰富的色彩变化，粉色、白色、绿色……可以增添花坛或组合盆栽的色彩，把单调的植栽变得迷人可爱。

此外，野葡萄（*Vitis vinifera*）、波士顿常春藤（*Hedera nepalensis*）等藤蔓植物和橄榄枝等简单的装饰物也非常适合这个季节。把枝条随手卷成环形悬挂在小屋的门把手上，为秋季花园增添了一抹怀旧风情。

花环是用一根连同果实的约 20cm 长的橘树枝条做成的。一边确认果实摆放得是否均匀，一边调整位置整理好形状。

Flower bed
花坛

圆滚滚的橘子
满满围绕一圈
制作醒目的花环

后院里的橘子树收获丰盛，果实多到吃不完。这时可以剪下枝条制作成花环，装饰花园小径尽头的小屋门窗，把那打扮成吸引眼球的华丽焦点。在小径两旁的花坛里，从前到后种植着株形越来越高的植物，强调了纵深感。除了应季的花，还种植了低矮的灌木或是耐寒的多年生草，即使花量不大，叶片的魅力已足以让人着迷。

花坛的前面是黄色的日光菊（*Heliopsis helianthoides*）和对应的紫色香彩雀（*Angelonia angustifolia*）。中间种植了美人蕉和红花鼠尾草等带有视觉冲击力的红色草花，打造出不同的植栽风格。

Hanging basket
悬挂花篮

花坛后面摆放着
开满小菊花的大型盆栽
提高了场景亮度

大树下的花坛里总有些冷清的感觉。
花盆内摆放小菊花"黑色黛安芬"
('Dark Triumph')（右）、"黑色阳光"
('Dark Sunny')（左），营造出一个
明亮清新的画面。

Colorful Mum
彩色菊花

叶片、果实和花朵
运用红色效果的
组合盆栽表现出秋天色彩

深秋的凉风吹过，悬吊花盆里的麦穗
状草花和果实随风摇摆。红花的金线
草（Antenoron filiforme）和有着可爱
果实的珊瑚珠，红叶的爬山虎和别致
的蔓越莓，仿佛把整个秋天的景致浓
缩到一个组合花盆里，让朴实无华的
墙壁变得光彩照人。

以藤本微型月季"快乐小径"（'Happy Trails'）的绿
叶为基调，紫叶鸭跖草和蓝色调叶片的芸香铺满的沉
静花坛，因为小屋前装饰的吊篮和花环而骤然美丽。

带有橙色的
基调渐次变化
丰富了叶片的表现力

利用花园里开放的橙色、黄色和暗红色重
瓣小菊花，做成分量十足的花环。每种颜
色的花朵聚集在一起随机排列，避免颜色
的均等配置，突出了对比和分量。

Wreath
花环

小黑老师的园艺课

gardening Lesson

利用暖色和黑色打造色彩缤纷的秋季花园 ● 独具一格的黑色系

　　秋季暖色调草花浓郁绚丽，同时秋季花朵中还有一组不可忽视的奇特成员，那就是巧克力波斯菊、鸡冠花、菊花、大丽花、石竹这类黑色植物。

　　黑色植物不仅单独看来个性鲜明，和各种颜色的花卉也很容易搭配，几乎不会出现配色的失败。这种低沉的色调利用得当，可以衬托得周围的花朵鲜艳而明亮，整个意境会更加统一。

　　我的建议是，以黑色植物为主角，配角采用深橙色或红色花，相互映衬，组合成一个别出心裁的花坛。为了让黑色植物的效果更加突出，不被其他颜色淹没，最好种植在显眼的地方。如果使用了大量的黑色植物，其他花色就要低调些。零星点状地添加鲜艳花色能够凸显黑色植物，让花坛风格鲜明，富有变化。

美人蕉、大丽花，红花鼠尾草、凤梨鼠尾草、斑叶莸 (Caryopteris divaricata)，紫叶酢浆草、紫茎泽兰、金黄亮叶忍冬、弗森虎耳等。美人蕉和大丽花中间栽种凤梨鼠尾草和白千层 (Melaleuca quinquenervia) 高低错落，形成具有开放感的自然式花坛。

大丽花"黑蝶"

Reised bed

主角的大丽花和美人蕉
大胆组合
构筑印象深刻的花坛

这是一座热情奔放的秋季花园。度过夏季酷暑的鼠尾草、美人蕉与紫茎泽兰 (Eupatorium coelestinum) 中间，增加了豪华的大朵大丽花。为了不逊色于夏季的大型植物，大丽花集中栽培在一起。黑色植物则种植在明亮的叶色旁边，作为补色。紫叶酢浆草搭配金黄亮叶忍冬，弗森虎耳 (Itea virginica) 搭配橙黄色的大丽花，而黑红色的大丽花"黑蝶"则配在花叶美人蕉旁边。

深郁的红色和黑色为基调
巧妙地配置橙黄色
表现出向晚秋推移的季节变化

零星的巧克力秋英宛如流动的音符，各种大小的橙色大丽花高低错落地栽培在小屋一角。黄色到橙色渐变的水甘草叶片与灵动的棕红薹草搭配，让秋季的色彩组合富于立体感，把整个花坛装扮得精彩纷呈。花坛稍稍隆起做成小丘状，栽种植物后，会让整个花坛仿佛生长在山野的斜坡上，野趣盎然。

巧克力秋英 (Cosmos atrosanguineus)

巧克力秋英、大丽花"古铜色叶"、大戟、水甘草 (Amsonia elliptica)、斑叶金线草 (Antenoron filiforme)、珊瑚珠 (Rivina humilis)、棕红薹草、鸡冠花、莲子草 (Alternanthera forssk)、金叶忍冬、聚花过路黄和橘黄色叶片的水甘草在背景中显得秋色浓郁。

shed

紫叶狼尾草、野牡丹、叶用红甜菜、菊花（橙色、红色）、帚石楠 (Colluna vulgaris)、薹草"铜卷毛"。修剪后的大树枝条用作挡土，自然而环保。前方是景天和沿阶草，零星栽种在脚下，生动可爱。

紫叶狼尾草

直径约 60cm 的小花坛
用暖色调
统一为一体

小屋门边的花坛里，大胆种满秋日菊花。中间是向四面散开叶片的紫叶狼尾草。极其醒目，仿佛景观树一般显眼，也可以换成新西兰麻或是小檗。在菊花和野牡丹的植株间，随手点缀黑色植物、叶用红甜菜、聚花过路黄。整个花坛呈现出成熟的魅力。

玫瑰花园

人见人爱的玫瑰花园，秀一秀我大爱的玫瑰吧！

都市花园

谁说城市里不能有美丽的花园？有限空间里的小花园，阳台、花盆组合，包括室内花园也可以哦！

介绍自家引以为傲的花园

花园大招募！！

想要在《花园MOOK》上登刊你家的花园吗？不管是空间构思巧妙的、还是充满个性的种满各种植物的花园都可以参加招募。只要是和花园有关的话题或小插曲，自荐或推荐他人的花园都可以。收到文章之后，编辑部会与您联系！

厨房花园

种满了草本植物、蔬菜和果树的花园。看到的不仅仅是美丽的植栽，这是有着观赏用途的花园。请告诉大家蔬果收获后的活用方法吧！

手工打造的 DIY 花园

园丁中永远不乏心灵手巧的技术派。从花架到凉亭，还有什么不能实现的呢？

自然派花园

各种草花、野花、树木，有幸亲近自然的大地主们来显摆吧！

■■ 投稿方法

请注明姓名、地址和电话号码，将花园整体的截图照片邮寄，以写邮件的方式也可（发送的时候请对照相片进行简单的说明并注明名字）。届时编辑部会妥善保管，在结合主题和随时取材时与您联系。

地址：湖北武汉市武昌区雄楚大街 268 号出版文化城 B 座 1315 湖北科学技术出版社绿手指编辑室
邮件：perfectgarden@sina.cn
green-finger@163.com

※ 请注意发送的照片和资料将不退还。想要加入绿手指俱乐部，请参见 P128。

摄影讲座

花园MOOK

使用卡片机捕捉庭院的美好瞬间

职业花园摄影师亲自传授！

针对性的花园摄影讲座。来本杂志的专属摄影师，进行一场具有用相机留下那些美好瞬间。今天我们请照顾的花草竞相开放，想必人人都希望当自家庭院迎来最美的季节，或当精心

摄影师拍摄的庭院
超过 3000 座!!

专业
花园
摄影家

今坂雄贵

这次使用理光CX5
相机进行拍摄教学。

你有过这些烦恼吗？

☑ 照片上的花都虚了
☑ 拍出来的照片感觉比实际看时差了很多，
　　没有体现出真实的魅力
☑ 拍不出漂亮的花色
☑ 想把摄影技术再提高一些

掌握这些要点就不再烦恼！

拍出美丽照片的 3 个步骤

Step1 基本篇
确认构图方法和基本操作

照片没有拍好的大部分原因
是构图失败或是操作失误

Step2 实践篇
把握自己喜好的风格

室外摄影时最容易受到"光"的因素影响，
充分意识到这一点，发现适宜自己风格的用光技巧。

Step3 应用篇
变身为摄影师来自由拍摄各种创意

让你拍出打动自己内心的照片，
当然也可以参考借鉴专业作品。

确认构图方法和基本操作

无论是相机操作新手还是已经熟练的爱好者，都重新回到摄影的原点：在构图和基本操作上面，再来一起确认一遍。

拍摄之前决定要拍什么

【 对象过多的情况 】

把充满日常感的建筑物作为拍摄背景，反而冲淡了小屋的情调。

试着横向和竖向各拍一张

决定主角和配角
选择最好的构图

不管拍摄花园还是其他对象，对于摄影来说最重要的是先要决定想拍什么。拍不出好照片的原因，大部分源于构图失败。例如，有时候想把所有的亮点都拍进去，反倒使画面散乱，失去重点。

拍摄前基本目标是，选择主角和配角各一个，再考虑怎样能把选定的对象在画面中展现得更美丽，大家可以试试按照这样的步骤来筛选和构图。

【 以小屋为主角的摄影 】

● 横拍的效果

画面往左右方向扩展，所以比竖拍时包含更多元素，左右两边绿色植物量相对比较多。

● 竖拍的效果

把对象集中在墙面上，使画面显得更生动。

基 本 操 作

构图很棒但焦点虚了，实在非常可惜！
让我们充分利用照相机的各种功能，告别"模糊不清的照片"吧！

[[失败案例 1]]

失败案例 3
为什么会对焦不准呢？

通过掌握
对焦不准的原因
来切实改善效果

关于对焦不准的问题，可能是手抖、拍摄对象晃动、焦点锁定错位这3个原因之一。让我们究其原因，找到对焦的正确方法。

● 对焦准确时

拍摄对象是可爱的秋牡丹，对焦准确，花色效果也很鲜明漂亮。

手抖造成画面中的对象上下方向重影

解决
对策

可能是在按下快门时照相机上下抖动了，这种情况可以尝试采用照相机自带的"手抖补偿"功能。

※ 要注意越是暗的地方越不容易对焦

有用的选角度窍门

在选取角度上稍下工夫就能提升氛围、增加灵动感。
只需要一点点努力，就能大大提升照片的拍摄质量。

采用低角度拍摄
让植物显出立体感

大多数花草都位于相机之下，所以最常见的是向下俯视拍摄角度。如果配合拍摄对象的高度，蹲下来水平或者仰视取景，就能拍出更加生动而富有立体感的照片来。

高角度拍摄

低角度拍摄

（左）高角度拍摄只强调出小路，没能展现植物的美感。采用低角度拍摄使植物细长的花穗得到生动的展现。

寻找可以体现
景深感的拍摄角度

在有小路蜿蜒的地方，会因角度的选择而拍出不同效果的照片。如例所示，可以多选几个角度拍摄，通过比较选出最出效果的照片。

效果1

效果2

效果3

拍摄角度可以看到小路深处的树木，拍摄到小路全貌，充分展示了路的深度。

从看不到小路深处树木的角度拍摄，让人对小路深处的好奇感油然而生。

在眼前加入黑色铁门的一角，增加了远近距离感。

[[失败案例2]]

[[失败案例3]]

拍摄对象摇动造成画面横向重影

焦点对在后面背景中的鸟巢上了

解决
对策

解决
对策

室外拍摄时，经常会出现风吹摇动的状况。这种情况下，推荐使用"运动模式"，可以有效防止摇动效果出现。

为了将焦点对准在想要的对象上，可以使用锁定焦点（把照相机的中心对准要拍摄的对象，然后半按快门）功能。

在近距离
拍摄时设定
为"微距"模式

拍花草特写时一定要设置成"微距"模式。如果不设置成这个模式，连专业摄影师也不可能拍出像样的照片。所以在拍摄1米之内的对象时必须要设成这个模式。

关闭『微距』模式

连花的轮廓都无法拍摄清楚。

打开『微距』模式

清晰地捕捉到花的表情。

Step2 实践篇
把握自己喜欢的风格

在实际拍摄过程中，通过比较各种拍摄条件下的作品，摸索自己喜欢的拍摄方法。

花园摄影因"光线"条件的不同，拍出来的照片千差万别，我们一起来比较一下各种情况。

进行拍摄建议在阴天或是早晨

花园摄影的最大影响因素是"光"的状态。晴天、阴天、雨天各有所不同，不同时间段照片的区别也显而易见。即使是专业摄影师也很难在强烈日照下拍出漂亮的作品。选择光线稍弱的天气或时间段拍照，才是拍出理想照片的捷径。

早晨 ◀

傍晚 ◀

上午

◀ 晴天

◀ 阴天

◀ 雨天

受天气影响，拍出的花色有很大差别，晴天日照强烈，植物特有的水灵感觉不能得到好的体现。反而在阴天时颜色比较均衡，植物色彩的鲜艳感也容易体现。雨天时虽然拍摄条件稍显辛苦，但拍出来的照片绿色润泽，整体显得清灵滋润。

（早晨）光线柔和，即使不用补偿也可以拍出颜色均衡的好照片，虽然稍欠鲜艳，但是最近于肉眼的目视效果。
（上午）明亮的绿色非常漂亮，但由于光线过强，相机很难补偿，影子也非常显眼。
（傍晚）橙色的阳光斜斜地射过来，虽然相较上午的反差更强，但有的时候可以拍出韵味十足的照片来。

庭院摄影时经常碰到的恼人问题！ Q&A

在这里为您介绍庭院摄影时经常会发生的棘手小问题和解决方法。
当然，有的时候受拍摄时间和天气影响，依然不能完全解决。

Q1
出现炫光情况

A: 遮挡射入镜头的光

我们称强光摄入部分的周围发生白光的现象为"炫光"。这种时候可以按照图中所示，遮挡摄入镜头的光来防止炫光。

最好用黑色的东西遮光，没有的话白色的也可以。

在强光晴天拍摄

在照片上部出现白幕感觉的现象，我们称为"炫光"。

遮光拍摄

如示范照片一样进行遮光，可以拍出花草树木的鲜明色彩。

Q2
拍摄对象上有阴影

A: 用反光板来消除阴影

如果拍摄对象上有阴影，则很难表现出真实的颜色，这时可以利用反光板，把反射来的光打在阴影上，正确体现拍摄对象的颜色。

不用反光板时

大丽花的下半部分有影子

※ 反光板最好用白纸或银纸

什么是 "白平衡" 模式?

因为光线本身是有颜色的,所以有时候白色的东西拍出来并不是白色,数码相机上有用于应对这种情况的专用功能,是"将白色的东西拍成正确白色的补偿功能",也称为"白平衡"模式,几乎所有的卡片机都有这个功能。

了解这个模式的特征
摸索正确的设定方法

为了便于对各种模式进行相互比较,我们在相同条件下分别进行了拍摄。拍摄时为晴天,所以"阳光"模式达到最好的颜色补偿效果。虽然自动模式有比较强大的补偿效果,但最好是多用几个模式分别拍照才比较保险。进行各种试验,来摸索自己喜欢的色调吧!

根据庭院的天气和光线条件,这里对"白平衡"模式进行了比较。通过这种方法,可以找到最好的模式来进行颜色补偿。

不特意做设定而直接拍摄的情况下,由相机自动进行色调匹配。这样常常无法达到最佳效果,所以建议还是自己来做设定。

在天气好的庭院拍照时一般可以选用这个模式,效果稍微偏黄。

在恶劣天气时可以拍出空间明亮的效果,由于这个模式可以增加些许温暖的感觉,所以很多人喜欢选用。

充分利用 "白平衡" 模式进行颜色补偿

自动

太阳光

阴天

白炽灯

荧光灯

背阴

这个模式是为了对橙色调的白炽灯光线进行补偿而特意加重了蓝色感觉,在庭院拍摄时通常较少使用这种模式。

主要用于室内拍摄。因为这个模式下稍微强化了蓝色调,所以偏重绿色,通常不用于庭院拍摄,但有的时候会打造一种洗练的效果。

比实际颜色偏黄,颜色展现得比较充分,根据天气条件常用于背阴花园。

用于突出白色效果的"预设白平衡"

这种方法是为了让照相机更加准确地定位白色,称为"预设白平衡"。也就是在决定了要拍摄的场景后,拍摄一个白色的物体,通过这个过程而让照相机记忆白色,从而拍出最近于本色的色彩效果。

使用反光板

大丽花上的影子没有了,白色的花色显得很真实。

逆光下拍出来的对象都是黑的

A: 将曝光补偿设为 +2

由于逆光等光线过强的原因,拍出来的照片是黑的,这种情况下可以使用曝光补偿。设为整体加亮(+2)后,就可以与本色相近。

自动曝光

拍摄对象的树木全成了黑色的,像剪影一样的感觉。

曝光 +2

虽然是逆光,但树木的绿色表现得非常漂亮。

高手必见

Step3 应用篇
变身为摄影师
自由拍摄所想创意

留下感动的瞬间，
拍出可以做成明信片
的照片。

以逆光为视角拍出
耐人寻味的景象

这是一张逆光取景的作品。蚊子草的
背景是夕阳的黄金光辉，仿佛给植物
加上了神奇的光环。

独特的构图
增加远近感

让近处的迷你玫瑰和藤编圈相对模糊，
把焦点对在深处栽植的植物上。这样的
深远感尤为显著，营造出梦幻般的景色。

雨后水灵的
雨滴
正是绝好的快门时机

使用微距功能拍出月季叶面的
水滴。这是一个非常值得尝试
的角度，可以清晰地看到每一
粒晶莹的水滴。

致使用
单反相机的
朋友们

One point 建议
"光圈优先"模式
控制
模糊程度

"光圈优先"模式只有单反相机才有，
是自由调节虚化模糊程度的方便功
能。庭院拍摄时虚化模糊是特别有
效的，有单反相机的朋友一定要尝
试使用一下，让拍出来的作品发生
本质的改观。

[F22] 把整体空间清晰拍
摄出来了。

[F8] 可以模糊地看到山
麦冬的周围。

[F4] 除了山麦冬以外其他
的都是模糊不清的。

光圈（F）值越小则焦点的适合范围越小，值越大则焦点的适合范围越宽。实际最频繁使用的是 F4 ~ 8，
拍照对象为单体时为 F4，有多个拍摄对象且彼此间有些距离的情况下通常为 F6 ~ 8 更好。

花和花器

重阳节的菊花和彩绘酒杯

与童年的记忆重叠交汇
融入秋日暖阳的小菊花、

虽然彩绘的图案非常抽象，却有着能让人联想到
花草的柔美意境。因为有注水口，酒杯的存在已
经在空间里描绘成一道景致。

平井和美　花艺师

阴历九月初九是重阳节，也是赏菊的日子。菊花是从幼年时就一直熟悉的花卉，至今我还常常回忆起在祖母家的院子里，菊花们伸展着长长的花茎，蓬勃开放的美丽身姿。

一般我用没有花纹的花器插花，但当我把这只酒杯拿在手中略一打量，眼前仿佛出现了它里面盛装着菊花的样子。酒杯的设计师听到我的想法，奇怪地问："用彩绘的器皿盛装花枝，不会互相冲突吗？"

但是我相信那一瞬间直觉的闪光，"一定会搭配的！"于是我在这只酒杯里插上了各种颜色的小菊花，并乐在其中。

来自两位明星园艺师

多肉植物
组合对决

小黑　VS　阿雅

因别具一格的组合栽植而大受欢迎的两大明星园艺师——小黑和阿雅，将在本篇中进行一场多肉植物组合对决。这次 PK 的主题是：秋冬季节变成红叶的多肉植物，两位园艺师将针对这一主题，各自提出充满创意的组合方案。

Kentaro's Arrangement

小黑的
组合！

以五颜六色的多肉植物从古旧风格的藤篮中漫出的形象进行组合栽植。有些发白的篮子，涂刷油色之后，把土揉搓上去，营造出做旧风。多肉是将蓝灰色、绿黄色、带淡粉红色斑块品种混合在一起，色彩十分丰富，因为选择了叶片较小的品种，很好地呈现出了统一感。

在做旧风的藤篮里
将小叶的多肉植物配色巧妙地进行布置

反曲景天（Sedum reflexum cv. Chameleon）

虹之玉锦（Sedum rubrotinctum）

黄花新月（Othonna capensis）

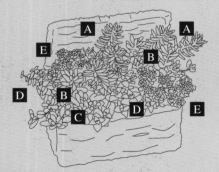

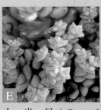

红缘心水晶（Crassula pellucida ssp. arginalis）

小米星（Crassula rupestris）

Ayappe's Arrangement

种植在小小罐子里的多肉
以刚刚好的间隔装饰着古旧木板

色彩鲜艳的彩色罐子里种植着表情丰富的多肉植物，排列在古旧的木板上。阿雅准备了形状、大小不同的罐子，涂刷上油漆，装点得古旧木板灵动有致，营造出一副旧货风的 Zakka 氛围。相邻的植物采用不同色彩及叶形来搭配，令人目不暇接。为了在组合中形成整体感，把珠链般的绿之铃分散种植在数个地方也是设计的亮点之一。

A 伽蓝菜"仙人之舞"（*Kalanchoe orgyalis*）、玄海岩莲华（*Orostachys iwarenge*）

B 拟石莲花"霜之鹤"（*Echeveria Palida* cv.Prince）、景天"珊瑚珠"（*Sedum stahlii*）、绒针（*Crassula mesembryanthoides*）、斑入绿之铃（*Senecio rowleyanus*）

C 景天"铭月"（*Sedum nussbaumerianum*）、火祭（*Crassula capitella* 'Campfire'）、筑羽根（*Crassula schmidtii*）、斑入绿之铃（*Senecio rowleyanus*）、爱之蔓（*Ceropegia woodii*）

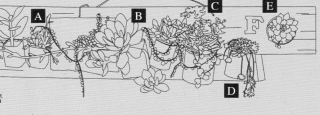

D 长生草属（*Sempervivum*）

E 古紫（*Echeveria affinis* cv.）、斑入绿之铃（*Senecio rowleyanus*）

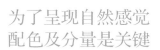

多肉植物组合对决

重点就在这里！

看起来
更时尚！

Kentaro's Arrangement

小黑的
组合！

为了呈现自然感觉
配色及分量是关键

为了组成一盆给人留下自然印象的盆栽，需要在配色和分量上充分注意。如果容器较小，把各株花苗平分为两株，分开两处种植，就能欣赏到天然的叶色渐变。而将彼此相映的颜色并排种植，色彩更为突显，整个组合也会呈现出立体感及分量感。

Point 1　在篮子底部铺上塑料纸，预防藤制材质腐烂

1　在大小足以包裹住篮子的塑料纸上打出排水用的小孔。把塑料纸卷成筒状，用打孔机无规则地打出小孔。

2　把打好孔的塑料纸紧贴着篮子底部及侧面，尽可能铺得贴合，不要留下缝隙。

3　放好土之后，配合篮子的高度裁剪塑料纸。将多肉植物种入之后，要看不见塑料纸的切口。

Point 2　把苗分为两株再分开种植

Point 3

运用植物的高度差
错落有致地种植

1　将小苗从花盆中仔细取出，不要散落太多土，保留根系的土团，慢慢分为两株。

2　分株之后，一边调整组合栽植整体的颜色，一边将两份小苗种植到分离的位置。

养护
重点　放置在日照良好的场所，保持干燥环境，防止徒长。如果枝条乱长的话，从最长枝条的根基部开始，依照顺序疏剪，保持通风良好。始终注意让植物保持紧凑状态，随时维护管理，才能维持植物美丽的轮廓。

较矮的品种旁边种植较高的品种，制造高度差，营造出自然的氛围。

Kentaro **VS** *Ayappe*

阿雅的
组合!

借由流行色彩搭配技巧，发挥多肉的不同魅力

粉刷成鲜艳的颜色，用钢丝串起，布置得错落有致的罐子跟拥有独特外形的多肉植物很搭，组合独具一格，给人充满朝气的印象。这是把苗都种植在一个容器里的组合栽植所无法表现的，富有游戏心态和幽默感的作品。

Point1
用钢丝串起大大小小的罐子
给组合带来灵动的姿态

1 在刷好颜色的罐子上，撒上尘土，贴好做旧风的标签，制造出原始的感觉。在罐子的口缘下方用钢丝（长度约210cm）缠绕一圈后绑住，再把所有的罐子串起来，做成珠链的形状。

2 一边把罐子排列在旧木板上确认位置，一边用钢丝一一串起，就能串联得均衡。将一截剪短的钢丝（约7cm）的一端缠绕在罐子与罐子之间的钢丝上，另一端则挂在旧木板的钉子上。

Point2
石莲花正面向外
大大方方地秀出亮彩

在罐子底部打上钉子，钉在旧木板上。放入土壤，再种入石莲花，用水苔覆盖住表面。用钢丝穿过罐子侧面事先打好的小孔，随机地横穿，再塞入水苔。

Point3 蓝色的铁皮板让植栽更加紧凑

作为古旧木材的一部分，贴上一块风吹雨淋的蓝色铁皮，添增了历经沧桑的味道。别有风味的铁皮板，更衬托出多肉植物的鲜嫩水灵。

对决的续篇在这里！

《多肉植物玩赏手册》

满载和杂货一起"玩赏"多肉植物的提案以及组合栽植的创意

运用多肉的色彩和株形，和杂货一同装饰出美感的技巧以及关于组合栽植的想法，品种介绍等丰富的内容。小黑和阿雅的组合对决续集也很值得一看。这是一本能够拓展多肉玩法的最佳工具书，小编鼎力推荐。

养护重点	多肉植物长大后，除了根部的叶片往上都可剪掉，便于观赏重新从低矮位置发芽长出的新叶。枝条凌乱但是魅力十足的品种可以让它自然生长下去，年复一年，别有风味。

秋冬季多肉植物的养护要点

有着独特形状和颜色魅力的多肉植物，和杂货一起的装饰
感觉是它受人欢迎的理由之一。秋季正是多肉植物凸显丰
富形态和自身魅力的季节，为了让这份美丽保持更长时间，
本文将为大家逐一介绍这个季节的多肉植物管理要点。

秋季
是一年之中最美的季节

说起多肉植物的魅力，无疑就是它们独特外形和精致微妙的颜色了。容易与杂货搭配的特性，更提高了人们对它的关注。

秋季逛逛花卉市场，可以发现店头摆出了千姿百态的多肉植物。多肉植物几乎全年都有出售，但是状态最好、数量最多的时候当属秋季。每年10月初，会有许多生长状态良好的多肉植物摆放在店里，品种也特别丰富，正是最适合购买的好时机。

秋季的多肉植物，在气温下降的过程中生长，叶色更深、外形更紧凑。到了10月下旬以后降温时，有的品种还可以看到鲜艳的红色叶片。

而对自家现有的植物而言，经过一个严酷的夏季，可能会留下高温多湿的创伤，还可能出现徒长的状态，或者生长过度而株形散乱。对于这些状态不好的植株，可以趁这个时机进行植株更新。当然，如果希望看到那种自然状态、欣赏粗放株形，就不妨放任不管。

马口铁容器里密集种植了景天、石莲花（*Corallodiscus flabellatus*）和景天风车草。略带红色的叶片，在寒冷的秋季里显得温暖。

长椅上用来装饰的大棵圆扇八宝（*Hylotelephium sieboldii*）。深绿色环境中间蓝色叶片和花朵，烘托出凉爽感觉。

美丽的红叶品种

冷热温差和干湿差增大的条件下就会变成美丽的红叶。
红叶是多肉植物的魅力之一。这里特别收集了许多艳丽的红叶品种。日照良好、

伽蓝菜"唐印"
（*Kalanchoe Thyrsifolia*）

带有白粉的椭圆形淡绿色叶片。叶片变红后更增加了颜色的层次。花期从冬季到春季。

千里光属"红宝石项链"
（'Ruby Necklace'）

伸长的紫红色茎，细长的绿叶遇到寒冷会变成红叶。春季会开出黄色花朵。

青锁龙属"火祭"
（*Crassula Capitella* 'Campfire'）

淡红色叶片，随着气温下降越发变红。花期从初秋到冬季。

长生草属
（*Sempervivum*）

多重花瓣状的叶片遇到低温就会变红。

圆扇八宝"金钱掌"
（*Sedum sieboldii*）

10月份左右开出粉色花朵。喜好日照，深秋叶片会变成深红色。

景天"虹之玉"（*Sedum rubrotinctum*）

饱满可爱的叶片，气温下降时变成红色。初夏会开出星状黄色花朵。

景天"铭月"（*Sedum nussbaumerianum*）

闪亮的黄绿色叶片，在低温的时候会变成土黄色。从冬季到春季会开出星状白色花朵。

景天风车草"姬胧月"
（*Graptopetalum paraguayense* 'Bronze'）

有着古铜色泽的叶片，在春秋干燥季节会变成红铜色。春季会开出黄色花朵。

对疲弱的植株进行呵护管理
抚摸饱满的肉肉们

保持美妙姿态
秋季管理的 **5** 个要点

为了能欣赏到不同造型和美丽的色彩，需要根据个体状态来分别进行养护。通过日常仔细观察肉肉们的生长，及时调整，为它们创造一个良好的生长环境。

养护管理的好时机
除了春天，秋天也是

多肉植物常常被认为不需要照顾，但是如果任其生长，株形会破坏，植物的长势也会变弱。

几乎所有的多肉植物都惧怕高温，酷热的夏天会造成下部叶片脱落，而闷热的天气更让植株形态松散，导致入秋后株形凌乱不堪。即使植株长势旺盛，枝条生长过长也会令株形显得难看。为了保持多肉植物原本富有个性的形状，必须定期进行护理。春天是最适合进行养护作业的季节，在秋天植物生长旺盛的时候也可以进行操作。在深秋来临前完成工作，就可以让心爱的肉肉重新找回美丽的颜色、光泽和身姿。

要点 1

换 盆

让植物的根系得到充分成长

如果植物正常生长，盆内根系的生长空间越来越少、肥料最终会被耗尽。这样发展下去，植物会慢慢变弱，所以需要2年换一次盆。当发现有根系从盆底孔洞伸出，或是植株下部的叶片开始脱落，就是需要换盆的迹象。

(A) 将植株从盆里拔出，去掉一半左右老根和腐烂发黑的根系。(B) 整理根系，保留粗壮的白根。在换盆的新土内加入少量的缓释肥。换盆后数日，要控制浇水。

(A)　　　　(B)

要点 2

繁 殖

叶插

一次性大量繁殖植株

叶片掉落时，只需捡取一片进行叶插就可以繁殖。比芽插需要更多的时间来长成新植株。但是用这个方法可以一次性繁殖大量植物。也有部分属，例如千里光属植物不适合叶插。

将一片叶片放在干燥土的表面，会有细小的根从叶片的切口长出，经过数周后会有新的小芽萌生。根系生长的时候，芽也会继续生长。母体叶片的养分耗尽之后，就会慢慢枯萎。

扦插

可以快速成长为新植株

扦插是从母株取得扦插枝条繁殖新株的方法。从长势良好的植物上剪下枝条（插穗），插入土里，不久就可以生出根系，变成一棵和母株一模一样的小植株。扦插不仅可以增加植物数量，还可以让徒长或是下部叶片掉落的母株重新获得活力。

没有下部分叶片的景天和生长过度的"黑法师"（´Atropurpureum´）。选择新鲜的茎部分剪下，放置4～5日后切口干枯，然后插入干燥的土里。数周后，母株会长出新芽。剪取插穗时，要避开已经木质化无法长出芽和根的部位。

防寒对策

不会徒长的防寒

大多数多肉植物耐寒性都较差，需要放到霜打不到的屋檐下或温室内管理。一些耐寒性特别差的，放在室内虽然安心，但要注意温度不能太高。如果日照不足，也会造成徒长，白天需要调整摆放位置，让植物沐浴到阳光。

晚上使用聚丙烯等材料做成的半球进行保温，适合在少量盆栽的情况下使用。也可以用大可乐瓶减掉一半自制，白天可能因水分蒸发造成闷闭环境，应记得取下。

在空调室外机架子上手工制作的温室。小型窗户能根据气温变化打开或关闭进行调整。

耐寒性强的多肉植物

八宝属
（*Hylotelephium*）
容易种植的品种。叶片变红或枯萎后，春天会长出新芽。在温暖的地方叶片会掉落。

长生草属
（*Sempervivum*）
产于欧洲山地，耐寒性强的品种。是最美的红叶多肉植物。

耐寒性弱的多肉植物

伽蓝菜属"月兔耳"
（*Kalanchoe tomentosa*）
伽蓝菜属的品种耐寒性特别差，需要放在明亮的窗边管理。

青锁龙类"舞乙女"
（*Crassula*）
大多数青锁龙属植物不能耐寒。放在不会过冷的室内窗边。

分株

茂盛的生长

植株生长茂密或是根系密集，根部呼吸不良的时候进行分株。分株可以促进植物健康生长，同时也有使植株重返年轻的效果。

左／从花盆边缘满溢出来的景天，已经没有子株的生长空间。由于根系密集、容易闷气，所以在特别拥挤的地方分开后重新种植，很快就能长出新根。右／爱之蔓的盆土块茎已经长得过大，不利于伸展。把块茎分成若干个，栽种到新的花盆里。

浇水

气温下降时要严格控水

气温下降时需要注意控水。浇水的时候要确认叶片的表面是否积水。土壤边缘吸水的时候如果有"啾"的声音就代表这是干燥适中的最好时机。多雨的时候注意，降雨超过3天以上，要将植物从露天搬到没有雨淋的地方。

沉稳与低调的魅力
在秋日金阳下闪耀的
优雅合植

黄金般色彩的秋日阳光，为植物的色调增添了微妙的美感。秋天是有着成熟风韵的组合盆栽们大放光彩的季节。本篇我们将以"动感"和"紧凑"为关键词，介绍在秋天的植物组合，为你家的阳台或居家角落增添风采。

Line Plant

帚石楠

＋

Main Flower

微型月季

＋

Accent Plant

花叶络石

淡淡的草花
映衬出铁栏的柔美

花朵和枝叶柔和的色调去除了铁栏的厚重感，给人高雅脱俗的感觉。花篮的外面使用天然水苔进行覆盖，蓬松的粉色花丛中帚石楠花伸出纤细的枝条，为整个气氛增添轻盈柔美的节奏。

Plants List

1. 微型月季
2. 帚石楠 (Calluna)
3. 花叶络石
   (Trachelospermum Asiaticum)
4. 羊乳榕 (Ficus sagittata)
5. 荷兰菊（白色）(Aster novi-belgii)
6. 大戟"钻石霜"(Euphorbia Hybrid
   ´Diamond Frost´)

| 5 | | 1 | 2 | 1 | | 2 | 5 |
| 6 | 3 | 4 | 3 | 4 | 3 | 4 | 6 |

Line Plant

条纹细叶芒草

＋

Main Flower

蓝色佩兰

＋

Accent Plant

紫叶风箱果

Plants List

1. 条纹细叶芒草 (*Miscanthus sinensis f. gracillimus*)
2. 蓝色佩兰 (*Eupatorium fortunei*)
3. 秋花婆婆纳洞庭蓝 (*Pseudolysimachion Ornatum*)
4. 水蓝鼠尾草 (*Salvia Azurea*)
5. 紫叶风箱果 (*Physocarpus Opulifolius* 'Diabolo')
6. 银姬小蜡 (*Sliver Ligustrum Sinense*)
7. 斑叶红淡比 (*Cleyera Japonica*)

巧妙运用观赏草类
设计一个充满野趣的空间

在杯状的大型容器里大胆摆放流线形植物,仿佛清爽的秋风拂面而来。花色用蓝色调来统一,极具清凉感。紫叶风箱果暗色的叶片收紧了整体设计,演绎出明暗的起伏变幻。

充满动感的设计

运用观赏草柔美的弧度描绘出纤细观感,展现秋天特有的凉爽风情。这个作品与任何风格的空间搭配都十分协调。

Line Plants

小叶槐树

白粉藤

✚

Main Flower

菊花 "优雅时光"

Plants List

1. 菊花 "优雅时光"
   (Chrysanthemum ´Grace Time´)
2. 小叶槐树 (Sophora Microphylla)
3. 紫金牛 (Ardisia Japonica)
4. 蕲艾 (Crossostephium chinense)
5. 黑叶景天
   (Hylotelephium Cauticola)
6. 白粉藤 (Cissus amazonica)

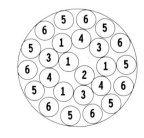

纤细的色彩与外形搭配
散发出优雅的气质

果盘型的花盆里种满菊花，描绘出白色、黄色、杏色层次。
向上伸展的小叶槐树和枝叶下垂的白粉藤表现出丰富的
动感。简单富有特色的姿态赋予了整个花盆个性美。

充满动感的设计

78

紧凑的设计

花盆里紧凑密集地种满各种美丽的秋季草花，如同珠宝箱里陈列的宝石，装饰出如诗如画的意境。

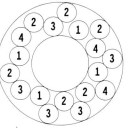

色彩艳丽的果实
演绎丰收的秋天

以蔓越莓红色的果实为主角、呈花环形的组合种植。黑色尖叶接骨草和莲子草带有斑纹的叶片，与蔓越莓明绿色的叶片搭配，产生微妙的阴影。非常适合放在大门口和玄关处。

Plants List

1. 蔓越莓（*Vaccinium Oxycoccos*）
2. 斑叶莲子草（*Altermanthera*）
3. 黑色尖叶接骨草（*Hemigraphis Repanda*）
4. 莲子草"粉飞溅"（*Altermanthera* 'Pink Splash'）

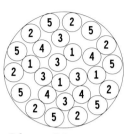

Plants List

1. 微型月季"绿冰"
   (*Rosa* 'Green ice')

2. 蔓泽兰
   (*Mikania dentata*)

3. 莲子草"千红花火"
   (*Alternanthera sessilis*)

4. 银姬小蜡
   (*Ligustrum Sinense* cv.*Variegatum*)

5. 莲子草"云石女王"
   (*Alternanthera* 'Marble Queen')

Main Flowers

微型月季"绿冰"

莲子草"千红花火"

Accent Plant

蔓泽兰

适合任何场景
能产生收敛效果的色彩搭配

白色微型月季"绿冰"和酒红色莲子草"千红花火"搭配，对比效果鲜明，悬吊花篮成熟风格引人注目。沉稳的叶色使花色显得更加鲜艳。蔓泽兰从花盆边缘垂吊下来，优美的造型和暗淡的色调烘托了植栽的整体性。

景天风车草 "胧月"

石莲花 "月影"

Accent Plant

景天 "龙血"

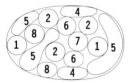

Plants List (椭圆花盆)

1. 石莲花 "月影" (*Echeveria 'Clegans'*)
2. 苍白景天 (*Sedum pallidum*)
3. 景天 "金地毯" (*Sedum 'Golden Carpet'*)
4. 三色红衣景天 (*Sedum spurium*)
5. 石莲花 "姬胧月" (*Graptoveria Gilva*)
6. 斑叶佛珠 (*Senecio Rowleyanus*)
7. 景天 "龙血" (*Sedum 'Dragon Blood'*)

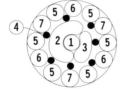

Plants List (圆花盆)

1. 景天风车草 "胧月" (*Graptopetalum 'Paraguayense'*)
2. 伽蓝菜属 "福兔耳" (*Kalanchoe Tomentosa*)
3. 石莲花 (*Echeveria*)
4. 苍白景天 (*Sedum pallidum*)
5. 景天 "龙血" (*Sedum 'Dragon Blood'*)
6. 景天 "新玉缀" (*Sedum 'Burrito'*)
7. 厚叶草 "紫丽殿" (*Pachyphytum*)
8. 斑叶佛珠 (*Senecio rowleyanus*)

利用多肉植物的色彩和外形
充分享受那独特的质感

在两个小容器里盛满了各种各样、与杂货非常协调的多肉植物。花盆里以银绿色质感的植物品种为主,古铜色叶片的景天 "龙血" 显眼地点缀其间。白色花盆里绿色层次朦胧变幻,清雅而和谐。

利用枝条的 "流线感"
是打造组合栽植优美观感的重要元素

要制作出完美的组合作品,不能拘泥于颜色、形状,重要的是要表现出植物们生机勃勃的流动感。如何遵循上述原则来制作出组合盆栽呢?下面我们将详细介绍一些步骤和要点。

1. 将花苗周围的土抖落,按一定方向以 2 株为一组的方式分组摆放在花篮里,仔细查看效果,反复调整到满意为止。
2. 用水苔将每一束花草轻轻包卷起来(图 A)。
3. 看好叶蔓和枝条的生长方向,顺方向种植。
4. 全部种植以后,在土的表面铺上水苔,大功告成!(图 B)

A

B

让郁金香更华美、花期更长的诀窍

富有戏剧性壮美盛况的
郁金香花园

━ 学习来自荷兰的杰奎琳式花园风格

种植着樱花等树木的平缓草坪上，用郁金香和草花布置出了一个美妙的花坛。两种颜色的蓝色勿忘我色彩交融，正忘我地绽放。

所谓"杰奎琳风格"是荷兰园艺设计杰奎琳·范德鲁克提倡的球根植物混植风格。

杰奎琳擅长使用球根植物打造出色的花园，她独特的"球根＋草花"的混植风格得到了世界范围好评。本篇我们将利用华美的"杰奎琳风格"范本，打造一个富有浪漫风情的花坛。

如同自然草原般
壮美展开的花坛

在阳光和煦的春日里，多彩的郁金香相继绽放。如果选择开花期不同的品种成片种植，就可以创造出花毯般长时间的色彩变化。这次使用的郁金香组合，选择了色彩柔和的6个品种，在椭圆形花坛里划分成东西两块种植。特意设定成错开两个区域花期的方案，这样整体就可以连续开放数周时间。

把球根植物混种在各种一年生花草或宿根草中，是杰奎琳风格花园的特征之一。为了马上就能看到成效，这里选择了一年生草花中株高较高的蓝色勿忘我（*Myosotis sylvatica*）搭配，表现出浪漫轻盈的气氛。选择搭配的草花时，草花的株高要能将球根植物的叶片遮盖起来，才能营造出自然草原般的风情，例如报春花（*Primula malacoides*）、角堇（*Viola*）、白晶菊（*Chrysanthemum paludosum*），都是不错的选择。

杰奎琳风格正是利用出人意料的简单手段，创作出类拔萃的华丽风范。在这个秋天的球根季里，你怎么能按捺住好奇心，不去放手一试呢？

杰奎琳风格花园

享受长期开花的乐趣
种植方法与开花情景

从 12 月种植到次年 4 月开花的情景。A 和 B 区域内分别种植了 3 种不同开花期品种。而且 A 与 B 两块地之间再错开不同的花期，这样就能享受长时间开花的乐趣！

种植方法

12月 上旬

种植前

1 周前栽种的蓝色勿忘我小苗。平整土地以适合种植球根植物。

播种郁金香的球根

在一个区域内混种 3 种不同品种时，先把球根放在桶里混合。然后均匀洒在整个区域内。

球根的种植

在球根落下的地方种植。不规则的排列方法能产生自然的效果。

开花景色

Area A

"荷兰美人"（中开花）　"小黑人"（最早开花）　"范戴克"（早开花）
'Holland Beauty'　　'Negrita'　　　　'Vandyke'

Area B

 + 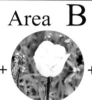 +

"蒙顿"（晚开花）　"雪莉"（中期花）　"春绿"（最早开花）
'Menthone'　　　'Shirley'　　　'Spring Green'

4月 上旬

4 月上旬，继"小黑人"之后，"范戴克"开始绽放。明暗不同的红色酝酿出别具一格的成熟感。

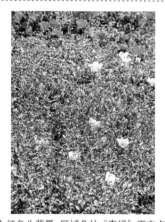

区域 A 红色为背景，区域 B 的"春绿"正在点点绽放。带给人如同春天原野般清爽的感觉。

4月 下旬

所有的郁金香花朵都褪成淡淡的紫色，这个色调还可以持续一小段时间。

区域 A 经过近 2 周的时间，几乎所有的花蕾都已经绽放，清新柔和的花色赏心悦目。

了解球根植物，实现完美栽培

秋季栽植的球根植物

作者：Anatolij Lim

每年秋季，打开订购球根的包裹，想必每个人会有一种开启珍宝盒的感觉，大小不同、颜色各异的球球里，到底蕴含着怎样的秘密，从它们深藏不露的层层外皮里，又会绽放出怎样的异彩之花？在西方，球根得到广泛的热爱，被称为埋在地下的珍宝。秋季是种植球根最重要的季节，在这个秋季里，让我们一起来接受这份来自大地的礼物，为来年打造一个异彩纷呈的球根之春吧！

球根的家乡在哪里？

新朋友见面，我们会先问他的家乡来历，要了解球根的习惯和特性，同样需要先知道它们的原产地。

大部分秋植球根产自温带地区。雨季和旱季交替的地中海气候带，是球根类植物的重要产区，另外，从中亚到中国西部的半沙漠地带，球根类植物也广泛分布。

来自这些地方的球根往往有比较明显的休眠期，在休眠期里茎叶根完全枯萎，外层鳞片形成一层致密的壳，保护内层鳞片不至于干枯死亡。在漫长夏日的休眠期中如果经常浇水反而会使其霉烂。

所以当选择球根的品种的时候，要事先做一些功课，了解不同球根的习性，这样种起来才会事半功倍。

言归正传，刚才我们说了球根的两大产区，到底这两个代表性地区的球根都有哪些，又该怎么种植呢？

看图识球根

你认识图上的球球
都是什么的球根吗？
（答案在下一页）

地中海原生区

这个原生区是大部分秋植球根的产地，常见的球根有：水仙、番红花、雪滴花、银莲花、花毛茛、雪片莲、蓝钟花、绵枣儿、风信子、葡萄风信子、秋水仙、花葱。另外，产在非洲的唐菖蒲、香雪兰和玉米百合，习性也和地中海球根非常接近，可以当做同一类球根来栽培。

地中海球根的原产地雨季旱季交替，造就了这个地区的球根夏季休眠、秋季开始生长、春季开花的特性。虽然这些球根有的长在森林边缘，有的长在堆满乱石的山坡上，不过都有一个共同特性：喜欢排水良好的土壤，夏季休眠的时候更需要相对干燥且凉爽的环境。

西亚—中国西北原生区

西亚原生区的球根很多，但在国内能买到的并不多，球根鸢尾、波斯贝母和皇冠贝母是常见的品种，其中还有一个大名鼎鼎的郁金香。这片广阔地区降雨量都不多，产于这些地区的球根必须在短暂的春季里完成开花结果的过程。另外，这些地区的冬季往往都非常寒冷，在这里生长的球根基本上都是高温季节一过，秋季就立即开始长根，经过一个寒冷的冬季之后，新芽在春季出土，迅速开花结果之后，再次进入休眠。

虽说是半沙漠地区的球根，但是从栽培上来说这些球根和地中海地区的球根并没有太大区别，只是需要排水性更佳的土壤。

 提供像家乡一样的环境

种花的时候，很重要的一点就是"尽量模仿原生环境"。比如风信子，它原产于地中海沿岸的东部地区，偏好排水良好且含钙量略高的土壤，种植时可在普通园土中加入大量的粗砂（也可以用珍珠岩代替）和碎石岩石，配成排水良好的介质。地中海地区冬季多雨，夏季干燥，所以种植须注意，秋冬季节常保土壤湿润，春季花期结束之后就可以控制浇水，待到叶片开始枯黄时便可以停止浇水，一直到入夏，球根进入休眠之后，就可以挖起球根，放在阴凉处保存，待到秋季便又可以种下去，开始另一轮生命循环。

大部分来自地中海的球根都可以这么种植。而郁金香、球根鸢尾和贝母因为来自沙漠地区，建议提高粗砂和珍珠岩或者碎石灰石的比例，增加土壤的透气性。

种花是对耐心的极大考验，尤其是球根，每年开花之后都要施以合适的肥料，这样在来年才能继续赏花。这样说起来，种球根，便是对未来的承诺。

准备工作：土、盆、球

球根爱好者们一般在每年夏季准备种植材料，对于这些球根，我的配方是：园土：粗砂（或粗珍珠岩）：碎石灰石：腐叶土的比例为 3:2:3:2。有条件的人，也可以使用较贵的赤玉土。

夏季准备好这些材料，在太阳下晒干，混匀，等到秋季订购的球根寄到时就可以用了。如果你忘记了准备这些材料，也不妨到花市或园艺店购买类似的土壤。

种植球根选用的花盆最好要大和深，因为它们除了有深度的要求外，往往它们的根也会伸得比较长，深深地钻进土里，所以我一般选用个子高的花盆；而在野外，球根往往是扎堆生长，我一般也会多买一些同种球根，种在一起群植。一来模仿它们曾经住过的地中海原野，二来集中开放，效果也更加壮观。

在国内能买到的球根大都来自荷兰，经过检疫之后再配送到花市和网店。虽然经过检疫，也不能完全保证在球根里面没有残留的害虫和真菌存在。所以球根买回来之后最好先用药液浸泡一下，晾干再种。在论坛或者微博上网友都比较推荐多菌灵，但我个人更喜欢用喹啉铜或者园艺硫磺粉，不管怎么说，只要是有效杀灭真菌或细菌的药物都可以使用（硫磺粉还有杀灭害虫的作用），使用的比例按包装上的推荐比例加水配成药液就可以了。球根在药液里浸泡 1 个小时左右，期间可以翻动一下，让球根的每个面都沾到药，捞起晾干就可以种了。

有的花友喜欢在种之前把球根的外皮剥去，但是球根如果长在野外，是没有人帮它们剥外皮的，所以其实大可不必另外剥去外皮，毕竟，外皮是它们在漫长干燥的夏季里保护自己的方式。

1

在花钵里放上浮石，以利于透水透气

2

加入事先混合好的营养土，大约到盆高的 1/2 处

3

放入球根，球根间的距离大约保持一个球根的宽度。

4

在球根上盖上土，加入少许缓释肥颗粒，再少许覆土，以看不见肥料颗粒为宜。然后浇水，放在户外有阳光处。

答案　**1.** 原生郁金香 **2.** 风信子 **3.** 蓝花郁金香 **4.** 绿松石鸢尾 **5.** 球根鸢尾 **6.** 番红花（藏红花）

● 种植的深度和管理

处理好球根，土也准备好，就可以种植了。但真的就只是简单地挖个坑埋下去吗？有的花友有种过葱和蒜头的经历，会发现它们往往都把自己的葱头和蒜头扎得很深。其实在野外，大多数球根也喜欢把自己埋得深一些，这样既可以避免夏天的高温影响，也可以让自己不被动物轻易挖出，另外，一些球根如果不埋到一定深度，是永远不会开花的。

到底要埋多深呢？有一个判断标准就是，除了银莲花和花毛茛之外，大部分球根，埋一球深。也就是说，一个大概4厘米高的风信子，应该把它埋在土面以下4厘米处。

当然，各种球根大小不一，国内南北气候差别很大，具体埋多深还得看球根品种和当地气候。北方可以埋得稍微深一些，南方可以稍微浅一些，福建南部和广东的花友在种水仙、雪片莲和雪滴花的时候，甚至只要埋到土面以下2厘米左右就可以了。唐菖蒲、香雪兰、玉米百合和球根鸢尾这类鸢尾科的球根倒是可以深埋，一般是两球深。

有时候，夏天我把球根倒出来时，会看到有的球根长成了坛子一样上大下小的形状，有的球根完全不像正常的水滴形，而是长成长长的花生状甚至是圆柱形，这便是球根在用自己的语言提醒你没有把它们埋到正确的深度，而它们正在努力把自己弄到正确的位置去。长成坛状，说明上一年秋天埋深了，它正在努力往上长；长成长形，说明埋浅了，它又要努力往下钻了。有的花友可能担心埋深长不出来，放心，植物远比你想象的顽强。如果你想把球根种在地里，可以埋得更深一些。而银莲花和花毛茛，只要埋在土面下一点点就可以了。

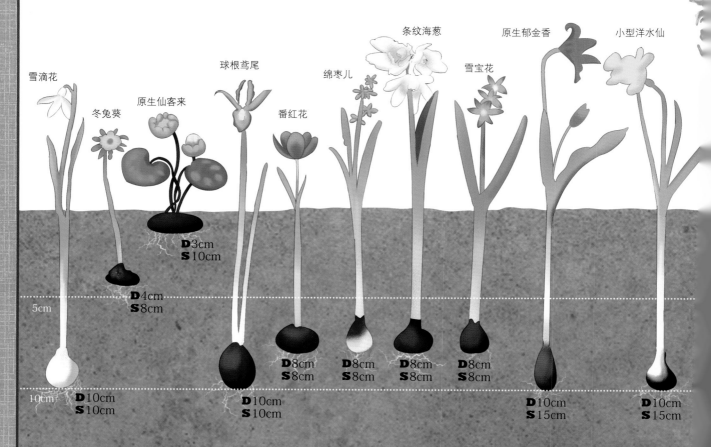

种下球根浇水之后，就可以把花盆丢在一旁，不管秋天多么干燥，冬天多么寒冷，都不用特别打理，只要保持盆土不干就没问题。北方的花友往往担心球根会扛不住冬天的寒冷，其实大部分国内能买到的球根，至少都能耐受-10℃左右的低温，不过保守起见，最好还是把花盆放在冻不上的地方，但也不能放在有暖气的房间里，毕竟它们当中很多种类是需要经历一个寒冷的冬天，才能在春天开花的。如果是地栽，那可以完全放心了，因为地里的温度变化比较小，对球根反而能提供一个安稳的环境，让它们有一个充足的空间生长。

洋水仙

皇冠贝母

大花葱

百合

郁金香

银莲花

风信子

贝母

葡萄风信子

小花葱

D4cm
S13cm

D8cm
S8cm

D10cm
S10cm

D10cm
S18cm

D13cm
S22cm

15cm
S18cm

D15cm
S30cm

D15cm
S30cm

D18cm
S15cm

D18cm
S30cm

D：深度　**S**：株距

● 施肥和开花期养护

种植球根时要加底肥，我喜欢用发酵过的牛羊粪这类有机肥，鸡粪也是不错的选择。我觉得种花还是随性一点比较好，所以你手边有什么肥就用什么肥吧，但作为底肥，以有机肥最佳，也可以用均衡的缓释肥。

经过一个冬天，球根发芽，也开始出现花蕾，这时候可以考虑追肥。对球根来说，花蕾出现的时期正是地下孕育新球根的开始，所以这个时期追肥以液态磷肥和钾肥为主。磷酸二氢钾很不错，不过如果能买到已经配好的配方复合肥更好，氮磷钾三要素的比例以磷钾含量高为最佳。

经过漫长的期待，球根终于绽放出花朵。除了在花园和阳台上欣赏花朵，还可以把花剪下插在花瓶里欣赏，或者直接把花盆端进室内。花谢以后要及时剪去残花，球根会把养料集中用来发育新的球根，这时候虽然叶片有的已经开始从尖端枯萎，但还请不要剪掉它们，毕竟发育新的球根要靠叶片提供养料。

这个阶段的肥料也要以钾肥为主，将复合肥按照包装推荐比例配成溶液，大约两周一次随浇水一起施用。

● 收获新的球根

春天慢慢过去，叶片渐渐枯萎，就可以停止浇水。等叶片枯萎得差不多，除去难看的枯叶，把花盆放在阴凉角落等待盆土慢慢变干。盆土完全干了之后，倒出新长出的球根，回顾一下半年来照顾的结果，顺便期待一下来年春天它们还会开出多少花。

整理枯根，放在阴凉的角落干燥储藏。而之前种球根的土，理论上已经不再适合秋季继续种球根了，可以在这些土里加入园土用来种别的植物。这听上去有点儿浪费，但是球根毕竟是病害比较多的植物，最好还是重新配一次土来种吧。

对于一些比较强健的球根，比如中国水仙、纸白水仙等，倒是可以在休眠之后完全不浇水，仅把花盆放置于凉爽的地方，待到天气凉爽之后恢复浇水，就可以正常生长。但对于雪片莲，夏天如果断水，生长则会越来越弱，所以不用年年翻盆干燥储存，而是等球根增殖到花盆装不下了再挖起整理。

Question & Answer

我要提问：
什么是郁金香的自然球
和五度球？

购买郁金香球根时，往往会看到上面标注着自然球和五度
球两种不同的标记，让很多新手感到无所适从。

郁金香需要经过一段 0℃ 左右的低温春化才可以开花，我们
将郁金香球根种到花园里，经历冬天的寒冷后，在春天开放花
朵是一个自然的过程。如果把郁金香种植在温暖的室内或是没
有寒冷冬季的地区就没有低温春化，也不会顺利开花。种苗公
司为了解决这个问题，会把收获后的部分球根进行低温处理，
这样一来球根种下后，即使不经历寒冷也能直接开花。

所谓自然球便是采收储存后未经 0℃ 低温冷冻、直接储藏的
球根，这类球根会在其自然花期开花，对郁金香而言，一般是 3
～ 5 月份。而五度球就是上述经过零度低温储藏一段时间的球根，
由于经过低温储藏，球根会误以为漫长的冬天已经过去，一种
下便开始发芽开花，如果你想在春节看到美丽的郁金香，或者
是地处华南地区，冬天低温时间不长的花友，可以选择购买五
度球，这样从种下到赏花的时间会大大缩短。

令人难以相信，答案是有！这种球根就是朱顶红。

除了每年都能买到进口品种，在小巷拐角，大叔大妈们开辟的门前小
花圃里也经常能看到土生土长的朱顶红，大约是因为它们的原产地气候和
中国非常接近的缘故，朱顶红在南方大部分城市都能见到踪影，甚至有好
事者放到野外去，它们也能顽强地生活下来。

近年来荷兰培育出的大花朱顶红品种大量进入国内市场，其中不乏格
外鲜艳美丽的新种，大家可以在秋天尽早选择购买。朱顶红的栽培非常简
单，只要用园土就可以把朱顶红种得很好。秋天买到的朱顶红球根，甚至
不需要特别的杀菌处理，就可以直接种植。唯一需要注意的是，朱顶红不
能全部埋进土里，只能把土埋到球根的约 3/4 处，让球根顶端露出土面。
因为在朱顶红的南美老家，有的品种甚至整个球根都暴露在地面，只有根
部深深扎入土中。

种下之后，保持盆土的湿润，在 5 月中旬朱顶红将绽放出超级大的喇
叭花。因为它正好在母亲节前后开放，所以不妨在圣诞节或新年把朱顶红
的球根当做礼物送给母亲，它会在第二年的春天带给母亲一份格外的惊喜。

朱顶红开花之后也不需要特殊照顾，只要放在半阴的地方，它嫩绿肥
硕的叶片便会茂盛地生长，年复一年地开花不停。

朱顶红在气温很低的时候易受冻害，所以不管是露地栽培还是盆栽，
在冬天气温低于 5℃ 时，要注意防止冻害。北方的花友需要拿进室内管理。

我要提问：
有没有一种球根，又简单好
管，又美丽非凡，又可以适
应各种环境，又年年开花？

将生菜类蔬菜种植.
在吊篮里悬挂,
不仅青绿美观,而且可以
随手采摘,用于厨房烹饪。

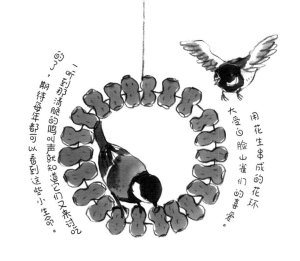

期待每年都可以看到这些小生命。

清脆的鸣叫声就知道它们又来访。

用花生串成的花环

大受山雀们的欢迎

石枣果实

野茉莉果实

在我看来红色
成熟的石枣果实比
有毒的野茉莉果实
更有千倍
的魅力,
但对山雀
来说,竟然
还是野茉莉的
果实更受欢迎。

"田院"
里的乐事
(秋·冬篇)

不知为什么每年可乐果(Cola acuminata Schott et Endl)的花上都会有金龟子来访。看到它们专心致志地传授花粉的样子,不禁想起做一件事情竟然如此投入,从某种意义上说真是了不起。

【田院】生活的魅力

6年前,直美女士辞去公司工作,搬到郊外开始了自由插画家的生活。新家里有一处宽阔的小院,正好实现她多年来向往的花园梦想。于是,主人为小院起了个充满意境的名字——"田院"。

春天里有草莓等浆果,夏天有番茄、茄子、黄瓜……在"田院",蔬菜、花草和人类和谐相处。直美在"田院"辛勤耕耘的时光,带给她无数珍贵的体验。这里,我们来听她细细分享。

"因为要考虑蔬菜今后的生长,必须和观赏用的草花之间空出足够的种植间距。这样就有很长的一段时间土壤裸露在表面,让花园看起来不够美观,也没

有统一感。后来,我想起在国外看到过将黄杨等树木修剪后环绕花坛、制造出整体感的方法,于是我也在花圃边缘种上一年生的草花和常绿的香草,代替黄杨把花坛围绕起来。"

"这种种植方法果然使花坛的形象大为改观,经常更换的一年生花卉带来了季节感,而经常在采摘时顺手修剪香草们,更让它们得以保持整齐的外表。"

因为蔬菜的花朵和果实色彩非常丰富,黄色、红色、紫色……都是浓艳的亮色系,因此作为区分区域边缘的一年生草花就必须拿出绝不逊色的气势来。图中可以看到一串红的串串花朵艳红夺目、旱金莲则金

上 / 和前来玩耍的小朋友一起采摘蓝莓。
下 / 种植生菜的铁丝篮子，里面铺设了椰糠，再覆盖上木炭屑。
左 / 菜地区域用一年生植物和香草装饰边缘，"银色叶片特别有韵味！"

「无农药"田院"给花园带来了丰富表情
从新的角度看待植物也是一件赏心乐事」

黄耀眼，再加上银香珊瑚的独特银叶与菜畦中碧绿的茄子和紫色的罗勒交相辉映，造出一个丰富多彩的夏日田园。

"是蔬菜和花朵们告诉我怎么打扮它们的。因为有每天早起观察花园的生活习惯，我经常在花园里走着走着，就突然有了这样的灵感。"

"如果想要吃得安心，种植时就不能使用农药。一旦能够这样做，花园里就会吸引各种各样的虫子和鸟类。最初建造花园的时候，心想驱虫是理所当然的事情，但是在"田院"仔细观察后，才真正了解到虫子的可爱和生态观察的有趣。"

"被潜叶蝇爬过的豌豆叶片反面留下图画般的印迹，绝对没有重复的创意。而一旦草莓成熟，鼻涕虫就一定会闻风而动，在我还没有察觉时已经被它们抢先偷吃一空。这种灵敏的嗅觉着实令人吃惊。"

"当发现在'田院'观察虫子越来越有趣，产生了这样的想法：与其跟它们斗争到底，不如牺牲一些收获，作为科学观察的道具。这样一来，每一天都可以发现新的事物、了解新的知识。'田院'里的生物成了我的好老师。"

张开篷布的阳台上，放着配套的桌子和椅子。"在这里享用收获的蔬菜做的咖喱最合适。"

篷布前的桌子是主人工作的场所。"抬起头便是满眼绿色。不用出门也能满心欢喜地欣赏庭院。"

让我们有了新的生活目标
『田院』带来的活力

在"田院"的生活迎来第6个年头。除了在专栏连载插画的工作之外，作为花园设计师也变得越来越忙碌，从哪里涌出这么多工作动力呢？直美自己也感到惊奇。

"适宜的季节里，会在院子里用餐或品茶。正好可以在空余时间里放松一下心情。"在"田院"的生活虽然很平淡，但每次在感到疲倦和烦躁的时候，环境的变化都会让自己平静下来。因为"田院"的关系，与在城市里生活的时候比起来，已经不再喜欢追求新奇和刺激了。

"现在，大自然给予我重要的灵感，看见山间自然生长的植物，头脑中常常涌现出崭新的种植方案。在园子里冒出来野生藤蔓，我会活用它们来创作一个不错的景观。利用植物自身的生命力，就可以打造出更有柔软适应性的花园。"

"有了动力和灵感，插画和造园的工作才会两不相误。早晨起来在花园里浇水，观察虫子，到了季节播种，收获后和家人一起分享美食。这种曾经是梦想的生活方式，正是'田院'带给我的礼物。"

上图／甲板上种满了鸡冠花和辣椒。用油漆涂上颜色的扇贝壳作装饰
下图／罗勒（Ocimum basilicum）的叶片已经被蝗虫吃掉了好些。主人大度地表示："那些叶片被吃掉，是因为它们的香气格外诱人。"

通过『田院』把收到的信息再传达出去
珍惜大自然带给我们的信息

盘旋而上的小径，增加了步入院子的期待感。到了5月，这个木架上会开满紫藤花。

直美姑娘和出身于新西兰的未婚夫预定举行婚礼，那时候"田院"会增加新的成员。

这一天，收获了许多大颗的蓝莓，一看就味道浓郁，令人直咽口水。加上薄荷和万寿菊，来个全家福。

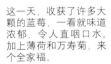

把庭院里采摘的鸡冠花和孔雀菊放进玻璃杯和小花瓶里，成为餐桌上的装饰。

秋日的问候
Greeting of the season

红色蔷薇果，给清冷的空气带来一丝暖意。叶片已落尽的细长枝条也优美动人。

自然的恩惠 从不同角度品味

丰收的季节是 种子散布的季节

秋天也是丰收的季节。秋天柿子树及板栗树硕果累累的景色，让人眺望的心情变得充盈起来。不只是果树，行道树及庭院里的树木和草花也都呈现出各色各样的丰收景象。这些果实不仅愉悦了我们的眼睛，同时也是野生鸟类和动物们得以度过寒冬的宝贵食物。

秋天对植物来说是借由果实进行种子散播，从而扩大生长范围的重要时期。无法走动的植物们，为了尽可能地把子孙后代更多地留在广阔的地域里，不但是借助水力、风力、重力，还会借用鸟类及动物等外力。让鸟兽们吃下果实，随着排泄物一同把种子撒下，从而不断地发芽生长。

那些活动范围较大的鸟类是植物们扩大生长地域最为得力的帮手，所以大多数植物都会结出特别吸引鸟类的彩色（也就是红色或黑色）果实。果实颜色不太显眼的品种，则会让萼苞及果柄着上红色来张扬自己的存在。利用红与绿的对比色效果，宣告丰收季节的到来。

让果实在变红之前带有毒性，是避免未成熟的果实被误食的一种功能。未熟果实具有毒性，一旦成熟，毒性就被去除。例如，火棘到了晚秋才会变得通红，是具有这种构造的代表性物种，也是小太平鸟等鸟类喜爱食用的果实。

为了早早地欣赏到红色的果实，有些改良后的园艺品种在成熟之前就着上红色，小鸟食用了这种还残留有毒性的果实，就会引发中毒。只是为了人类的观感就随意改变物种生长规律，从而造成自然界混乱的成果，大家还是尽量不要购买。

从左起／鸟类喜爱的紫珠果实。鲜艳的颜色在阳光下十分显眼。／种子成熟前含有有毒物质的红豆杉（Taxus chinensis）。这是不让鸟类误食的防御手段。／果实成熟前，整棵植物都散发出臭味，果实熟透、干燥后，臭味就消失的鸡矢藤（Paederia scandens）。这也是守护植株及未熟果实的策略。／果柄也染成了红色，想方设法引人注目的荚蒾（Viburnum dilatatum）。

从左起／苹果表皮的油润光泽是因为其附着着的蜡质所致。被称为果蜡，担当着保护果实免受干燥和病虫害侵扰的职责。／覆盖于葡萄颗粒的白色粉末也是一种保护性蜡质。／被带刺外壳包裹着的栗子树果实。直到熟透为止不会裂开。／买来的柠檬常让人担心农药残留的问题，若是自家产的果实，就可以安心食用。

充分领受
果实的力量

　　试着制作水果药膳酒、果醋，还有酵素果汁。虽然水果本身就含有丰富多样的营养素，但最近备受关注的是这种"水果酵素"。

　　酵素是维持人体各种机能顺畅运作所不可或缺的必需物质，可以帮助呼吸和运动时所必需的肌肉活动，还有促进新陈代谢的重要功能，可以帮助体内代谢物的排泄（排毒）。身体内部变得干净后，脂肪的燃烧活跃起来，从而改善易胖的体质。

　　消化摄入的食物，特别是消化肉类需要消耗大量的酵素，因此，现代生活的肉食过量让我们过度使用酵素，体内的酵素量也不断减少，使得其他机能变得迟缓起来。所以，通过摄取水果酵素果汁来增加身体里的酵素，是改善体质的好方法。另外，水果和新鲜蔬菜里本身就含有大量的酵素，单纯坚持每天不间断的摄取也对身体十分有益。

　　有些高档的进口热带水果食用后反而会让身体发寒，所以我们还是推荐食用应季的本地蔬果。在自家庭院里采摘下亲手种植的新鲜蔬果，特别让人安心。

　　秋意盎然，眺望硕果累累的庭院让人内心平静。对于植物，秋天是散布种子、孕育新生命的时节，而对于我们人类，也是利用收获的硕果改善体质、滋润身心的好季节。

在夏天可以享受美味的黑莓。随着果实成熟度的提高，果皮颜色也从绿到红，再变化到黑色。为了防止果实被同一只动物一口气吃光，植物的成熟期会错开，零星渐进式地成熟。

展现出各色姿态的
刺玫蔷薇果

蔷薇果实作为装点庭院和插花的素材而大受欢迎。蔷薇品种丰富，与花朵一样，果实的大小、颜色、形状也千差万别。成熟期在9～12月份，根据品种不同有所差异，也有不能结果的品种。要想充分体会蔷薇果之美，在购买时应该先确认好结出的果实形态。

享受从秋季到初冬的美感
制作山野趣味的花艺组合

　　洋溢诗情画意的早秋庭院，植物转变为更深的颜色，开始展现出沉静的一面。待到初冬，冻得僵硬的枝叶在冷空气中熠熠生辉，光线转为明净通透。通过这些巧妙创意的花艺，可以将这个时节才能欣赏到的美景收纳到插花之中，在家中尽情品味。下文我们将介绍若干满载秋日情趣，充满山野风味的花艺作品。

How to

百日草

↓

乌头

↓

土茯苓

↓

络石白花藤

按照上面给出的顺序
将植物插入花器

浓郁的颜色
将房间装扮得更加生机盎然

　　将生机勃勃的草木组合起来，组成一件微缩而又充满野性的花艺作品。极富深秋风情的深绯红色百日草，大胆选取充满狂野风格的枝条，将花的朝向分散插放；而络石藤奔放的蔓茎，更添加了几分动感；冷硬质感的花朵和果实上，加上乌头的婀娜柔美，变得自然宁静；称得上是能深刻品味到深秋风味的一盆花艺组合。

Plants List

1. 百日草 (*Zinnia*)

2. 乌头 (*Aconitum*)

3. 土茯苓、光叶菝葜
   (*Smilax glabra*)

4. 络石白花藤
   (*Trachelospermum asiaticum*)

【其余需要准备的物品】
容器（瓷杯）

作为礼物也堪称完美
提灯风格的花艺

全部选取干燥处理过的干花。以雪山八仙花的干花为主，做成一个颇具风情的烛台。大小合适，短时间即可制作完成，作为被邀请做客时的手信十分适宜。在雪山八仙花和啤酒花的青草色中，鸡失藤橘黄微妙的圆形果实成了突出自然风味的重点。

Plants List

1. 雪山八仙花 (Hydrangea arborescens 'Annabelle')
2. 啤酒花 (Humulus lupulus)
3. 鸡矢藤 (Paederia scandens)
4. 任意品种枯草藤

※ 全部干燥处理

【其余需要准备的物品】
蜡烛、小盘、拉菲草、花艺用铁丝、软铁丝

How to

1. 将两根枯草藤摆至十字状。在上面放上小盘子，以小盘子为底部，将草藤的顶头提起，形成一个圆锥形。从上面用拉菲草卷起来，把铁丝挡住。

2. 在粗一点的铁丝上一点点装饰上雪山八仙花，一边用软铁丝卷上去一边将其固定（A）。重复这一过程，当铁丝被八仙花全部包住的时候，将铁丝两头掰至花冠状，将两端拧起来（B）。

3. 将①穿过②的花冠中的圆孔，直到让②卡在小盘子部分为止，用细铁丝将花冠固定在4根枯草藤上。

4. 在草藤上均匀地缠上啤酒花和鸡矢藤，粗略修饰一下。

装饰餐桌的花饰

在餐桌或者柜子上方这类贴近日常生活的场所进行装饰，需要简单而富有清洁感。这个小作品将秋日风情浓缩在内，让人感到舒适自然。

How to

① 用金色喷漆给山芋花蒂上色。

② 将数根红色长蔓卷成两圈，在同一处打结，让花蔓的前端垂下来。

③ 加进几片李树的红叶、叶柄的尾端用铁丝缠好。

④ 将束起来的蔷薇果实和土茯苓朝下，把握好山芋花蒂的平衡性，使其轻轻展开。在红色长蔓的环中央放上李树的红叶，各自用铁丝固定好。

Plants List

1. 蔷薇果实 (Rosa)
2. 土茯苓 (Smilax glabra)
3. 山芋花蒂 (Yam)
4. 李树的红叶
5. 红色长蔓

※ 全部干燥处理

【其余需要准备的物品】
花艺用铁丝、硝基漆

可用于新年装饰的红色果实挂饰

蜿蜒向下方延展的花蔓，是一款充满了野性风情的挂饰。将红色藤蔓和土茯苓花茎卷起来，构建起整个挂饰的骨架，再点缀蔷薇果。金漆涂装的山芋花蒂和装饰在中央的李树红叶，更给整个挂饰添加了一份天然的华丽。

干燥过的银叶和枯枝
带来清冷的季节气息

单色花环有着白霜降下的初冬意境。银白杨的银色树叶和枯树丛一般的灌木细枝，简单组合出清冷澄澈的季节感。将其装饰在纯白的墙壁上，更凸显出纤细的色彩与枝叶组合营造出的阴影之美。

Plants List
1. 银白杨 (*Populus alba*)
2. 灌木枝

※ 全部干燥处理

【其余需要准备的物品】
花环骨架，花艺用铁丝，胶枪

How to

1 一边将干燥过的银白杨树叶按顺序在花环骨架上排列，一边用胶枪将它们固定好。叶片的朝向尽量整理一致。

2 将灌木枝斜放在①上，用铁丝在两处固定。

挂在墙上的装饰花环

在墙上或门上点缀一个花环或挂饰（墙壁装饰），让花茎和树枝的线条生动起来，再加上独具一格的设计，充满季节色彩的山野光景就诞生了。

让角落气氛瞬间提升的组合花艺

各种植物收获果实的季节，充分使用在庭院内或者自然中采摘的果实和花蔓，动手做一个充满观赏性的干花饰品。

闪亮在秋夜里的
什锦风花艺

以花萼里放入小小灯泡的酸浆灯饰为主角，融合纤细的枯枝和红叶，充满温暖的感觉。为了能看清铺在盆底的枫树果实，将灌木枝呈环状组合，让人感受到鸟巢般的风味。摆放在玄关或者卧室一角，淡淡的光亮透出秋日的情趣。

Plants List

1. 黑色假酸浆 (*Nicandora physaloides*)
2. 紫藤蔓 (*Wisteria sinensis*)
3. 灌木枝
4. 枫树果实 (*Acer*)
5. 蓝莓的红叶 (*Vaccinium spp*)
6. 李树的红叶 (*Prunus*)

※ 全部干燥处理

【其余需要准备的物品】
灯饰、铁架台、容器、花艺用铁丝

How to

1 在黑色假酸浆袋状的花萼上，竖着开一个切口，将里面圆形的果实取出来。

2 把灯泡放入黑色假酸浆花萼里面，为了不让它掉出来用铁丝轻轻固定住。

3 沿着容器边缘，随意放上卷两圈左右的藤蔓。

4 在容器底部放上枫树果实和红叶，再将②放在上面。

5 在紫藤蔓上面放上灌木枝，注意不要遮盖中央部分。

6 在上面轻轻地零散地盖上红叶。

Plants List

1. 花楸子、海棠果 (Malus prunifolia)
2. 五色椒 (Capsicum frutescens)
3. 辣椒 (Capsicum annuum)
4. 萝藦种荚 (Metaplexis japonica)
5. 西番莲的卷须 (Passiflora coerulea)

【其余还需要准备的物品】
红酒软木塞，花环骨架，花艺用铁丝，胶枪

将玄关装点出生机
多彩多姿的迎宾花环

将红色、橙色、黄色的果实组合起来，组成了色彩丰富的花环。细长的萝藦种荚和西番莲的卷须给人一种明快的动感，带来欢快的气氛。装饰在白板上面，更能凸显色彩的鲜明艳丽。相信这样的花环在聚会时也一样抢眼。

How to

❶ 将各种素材用铁丝连在一起。

拿 3～4 枝细长的辣椒用铁丝串在一起。在辣椒柄处用铁丝卷 2～3 圈束成一束。

五色椒每 2～3 个用铁丝串起来。海棠果则单独装上铁丝。

在软木塞的正中央位置穿过铁丝。

❷ 将用铁丝束好的海棠果几处固定在花环骨架上。为了填补其间的空隙，把五色椒和辣椒固定在上面。

（背面）

❸ 将软木塞和西番莲的卷须打上胶插进花环骨架内。

装点冬季花园

节庆花园的扮靓好主意

#case 01

圣诞来临

展现花园整体风格,
充满节日心情的

Space Deco

空间装饰

随着节能环保的观念深入人心,近年来的圣诞节灯光装饰走的多半都是低调节约的主题。顺应潮流,尝试不再依赖用电力灯泡照明,装扮出一个比往年更出色的圣诞之夜。

本文我们将介绍几位园艺达人,看看他们怎样给庭院整体空间做装饰。

借助绿植、杂货和光线,让人目不转睛

"今年的圣诞节不再需要使用过多色彩,把古典的雅致与休闲式的轻松融为一体,打造成熟气氛才是最近的热潮。"

"柔杯"是一间家庭气氛的主题餐厅,现在,店主专门为圣诞佳节准备了古典和随意混搭的风格,来把店内装饰一新。蜡烛温暖的灯光,悬挂在空中的花环和树木的光影,映照出一个梦幻空间。

值得瞩目的是,空间和色彩搭配都充分考虑到观众的视线,有意识地在长椅和餐桌上方悬挂装饰物,让休憩空间成为观赏景致的好地方。为了不让装饰物埋没在黑暗里,彩带选择了明亮的粉玫瑰色,以打造出富有欢乐气息的景色。

idea 1
桌子上空悬吊着
醒目的金合欢花环

蓝绿叶色的金合欢树花环悬吊在半空，为圆桌上带来了新鲜的水润感。玻璃装饰物让场景显得光彩闪耀。

idea 2

善用枝条与绿色，
打造自然空间

用在山里拾到的美丽枝条装饰蜡烛的背景，桌子上铺满了常绿的云杉。充满野生情趣的美丽树枝成了奇妙的装饰物。

在枝头悬挂复古感的纽扣。随着阳光变化或是蜡烛的照耀，成为天然发光体。

night

idea 3
日落后点亮蜡烛
提升气氛

长椅周围，悬挂带有金色亮片的小球和蜡烛。使用不同长短的缎带，让空间充满节律感，令人印象深刻。

富于节奏感的装饰为角落带来轻松感。

使用带有圣诞气息的花园树木
让花园景色充满节日气氛

Tree Deco

树木造型

园艺设计专家"绿色之森"的方案

利用花园树木的
装扮技巧

在微风与阳光中闪耀着
水晶光辉的白色吊饰

　　在花园里选择一株刚刚超过自己身高的常绿树,将它瞬间变身为美丽的圣诞树。

　　将陶盆涂刷成做旧的白色,用铁丝倒挂在树上。重点是在花盆里系上绿色的透明水晶,再将白色的亚麻布带从树上垂吊下来,营造出白雪皑皑的意境。风吹过亚麻布的时候,水晶随风飘动、闪闪发亮,充满童话色彩。

　　这个设计适合株形浑圆、姿态迷人的树木。悬挂的时候,要注意在树木高处或是枝条尖端不悬挂花盆,免得给枝条增添负担耷拉下来,破坏整体的株形或是被枝叶遮挡。花盆的颜色根据喜好自由搭配,以享受到原创制作的乐趣。

用小树枝塞住花盆孔,将细绳从花盆底部小孔穿过。方法非常简单,值得尝试。

适合圣诞气氛的红色叶片增加了冬季花园的色彩。推荐龙血树"电动粉红"(*Dracaena angustifolia* ´Electric Pink´)

与室内杂货组合搭配

室内树木同样可以玩造型

没有花园树木、或是希望把身边的物件来个大变身时，可以使用盆栽的树木来巧妙搭配。
这种方式更加变化多样，移动起来也很方便。

使用别致色彩装饰出橄榄枝条的造型美演绎出华丽场景。

\Point Item /

精致的叶片图案彩球。橄榄树枝条空隙较大、株形松散的树上，挂满透明质感的彩球，光彩夺目。

Recipe • 清单

以低调魅力的青铜色系为主要色彩组合，展示豪华成熟风格。在植物周围放置动物主题物品，增加戏剧性。粉红色的苹果也显得鲜艳可爱。

· 带有树叶图案的装饰用彩球
（6cm直径 × 12个）
· 装饰用珍珠色彩球
（4cm直径 × 9个）
· 糖色苹果 （若干）
· 黄金驯鹿等其他饰物

Recipe • 清单

利用流行的粉红色，打造浪漫气氛。苏格兰格子花纹的缎带装饰，扮演出圣诞树的感觉。

· 粉色装饰物
· 悬吊彩旗（1.8m）
· 苏格兰格子缎带（宽6.5cm × 长9m）
· 6色色带（宽6.5cm × 长9m）
· 银色色带（宽3.8cm × 长9m）

\Point Item /

今年流行水粉色系，采用了华丽的香槟色装饰品为树木增添光彩。

用粉色包装带装饰
圆球造型的月桂树
富有童心的礼品盒风格
（*Laurus nobilis*）

简单易学

外形可爱的迷你圣诞树

在紧凑的空间里推荐使用修剪过造型的小树，放在家门口当作迎宾树。

1. 修剪成尖塔树形的橄榄树。
2. 顶端修剪成圆形的黄杨树。
3. 与圣诞节十分相配的美丽斑叶——金边黄杨。

治愈系玫瑰花园访问记

在配郁草花簇拥下，玫瑰的表演更增添了无穷魅力。仿佛一个个精彩的舞台，花园里各种拱门凉亭……引导访问者走进了一个幻想世界里才有的花园。婀娜多姿、色彩丰富的花朵，

龙沙宝石（Pierre de Ronsard）和芭蕾舞女（Ballerina）等粉色系玫瑰烂漫花，和柔和的蕾丝花（Orlaya grandiflora）等繁花相搭配出迷人的景色

在可以眺望花园小憩片刻的地方，摆放户外桌椅。一眼望去，树木繁多，绿意盎然，充实的品种和繁茂的绿色让花园百看不厌。

铁线莲"银禧70"（*Clematis* 'Jubilee70'）成熟的深紫色配合花形可爱的大星芹（*Astrantia major*），形成鲜明对比。

成长为今天这种富有治愈力的美好景观
日积月累之后
刚开始，花园里只有一棵玫瑰

如同花海般开放的花朵，五颜六色，令人陶醉。每到玫瑰盛开的季节，会有不少路人停下脚步，希望进入花园探访。

14年前，受喜欢玫瑰的朋友启发，主人被玫瑰的魅力倾倒，从而开始了园艺生活。刚开始造园时，花园里只有1棵玫瑰。那时候的庭院以木本植物为主，种满了冬青和桂花树。为了改造成喜爱的花园样式，主人首先甄选出了需要留下的树木，余者则都砍伐或移植出去。重新整理走满是石块的土地，进行土壤改良，这才慢慢造就了这座以心爱的玫瑰为主题的英伦式花园。

在广阔的地基上，种植大量的玫瑰和铁线莲，一到春季竞相开放。而毛地黄（*Digitalis purpurea*）、飞燕草（*Consolida ajacis*）、羽扇豆（*Lupinus polyphyllus*）等草花们身段高挑，随风摇摆，充满了浪漫气氛。

为了使玫瑰充分展现出它非凡的魅力，在各处设置了拱门、凉亭，将玫瑰牵引到引人注意的地方。而在拱门下连接着通往各处美景的小路，更造就了一座充满剧情变化的庭院。

蜿蜒的红砖小路带领来访者步行至各个景观，饱览花园胜景。主人充分利用这片广阔的土地，让它成为一个让人心旷神怡，富有治愈效果的静美空间。

迎面而来是爬满"龙沙宝石"（Pierr de Ronsard）的拱门，花色娇艳，美妙动人。而下方黄色的"黄金庆典"（Golden Celebration）增添了色调的跳跃感。

上／选择蕾丝花和飞燕草等植株高的植物，欣赏它们在风中摇曳的样子。巧妙使用古铜色叶片增加花园的变化。　左／华丽的大红色"红茶"（Black Tea）搭配上深紫色铁线莲，显现出成熟的色彩搭配。

黑色工具小屋端正沉稳。古铜色叶片的橐吾（*Ligularia sibirica*）和柠檬黄的黄金风知草（*Hakonechloa macra* 'Aureola'）等植物，深浅变化的叶色把花园小道装点得清新脱俗。

Stylish Garden

左／被金银花和玫瑰包围的，飘散着甘甜香气的凉亭。脚下使用玉簪覆盖。　下／下午茶时制作拿手的甜品，和客人一起在花园里欣赏美景，共享这段恬静时光。

从起居室向外看出的景观。通过巧妙的牵引，从室内也能眺望到玫瑰的美妙身姿。

花园里使用的主要色彩是粉、白、蓝三色，再不时添加一点红色来提亮画面，增添动感。在这个季节里大约有120多种玫瑰绽放，如何控制甜美过剩的感觉，成为一个难题。其实，红花需要绿叶扶，其中的关键恰恰在于巧妙的运用绿叶这个"扶持者"。

"当初开始园艺的时候，追求艳丽的感觉，总是想方设法搜寻各种玫瑰品种。如今则增加了观叶植物的数量，让整座花园表现出起伏跌宕的感觉。观叶植物管理也相对容易，可以节省精力用在照顾玫瑰上，可谓花园的珍宝。"

最适合搭配的，莫过于明亮的柠檬黄和色泽深沉的古铜色叶片，在叶色上制造微妙差异，可以使繁多的花量产生平衡，演绎生动情景。

创造高低错落的差异，突出空间立体感也是设计重点之一。野茉莉（*Styrax japonica*）、大柄冬青（*Ilex macropoda*）和有着紫红叶色的紫叶加拿大紫荆（*Cercis canadensis*）……各种树木在园子里随处可见。

让植株从下到上都充实丰满，花园自然也就有了动人心魄的魔力。"树木下方种植了喜阴植物。随着植物品种的增多，花园的建设也越来越有趣。"

五彩缤纷的花朵、绿意盎然的叶片搭配成和谐的花园。"让玫瑰看起来更美"。从这个单纯的愿望出发，竟然诞生出如此众多的联想，创造了各种丰富的花园场景。花园的进化和大自然的进化一样，处处充满了惊喜和多样性。

都是玫瑰们教给我的。
造园的诀窍，
这个愿望激发了无穷无尽的创意。
如何让大爱的玫瑰更加美丽？

开满整株的玫瑰"芭蕾舞女"吸引客人们的视线。脚下则有小麦仙翁（*Viscaria oculata*）的小花和茂密的千叶兰覆盖地面。

凸显玫瑰之美
简约型新式玫瑰园

在我们的印象中,五颜六色、千姿百态的玫瑰盛开在庭院时,缤纷多彩而且豪华绚烂。但是最近,园艺师们却开始削减玫瑰的数量和颜色,保持适当的植物数量、让庭院看起来更简约清爽,富于时代感。新式玫瑰园的流行,带给我们崭新的观念和创意灵感,下面我们就来探访 3 座运用减法让玫瑰花园更美丽的成功案例。

Red

装饰外壁的艳红色玫瑰造就古典气韵

洋溢着优雅氛围的红色角落,把深沉典雅的色彩结合在一起。色调微妙的"红茶"牵引到墙面,在白色墙壁映衬下花色显得更加丰美动人。前方的古典玫瑰"紫袍玉带",随着开放而渐变的花色令人着迷。

英国月季"黄金庆典",修剪到恰恰适合视线的高度。

引人入胜的
柠檬黄小径

主人自己铺装的石头小径,只够一个人通行。两侧直立性的玫瑰和多年生、一年生植物等蓬松的草花组合,体量丰满的绿色让鲜艳夺目的黄色玫瑰显得清爽宜人。

Yellow

Pink

大小花朵
组合起来,
演绎高雅迷人的魅力

杏粉色的英国月季"威廉莫里斯"和甜美的小花"芭蕾舞女"。

放在架子上的杂货和花盆装点墙面一角,与淡粉色月季融为一体。从根部攀缘到墙面上的大大小小的花朵交相辉映,形成一幅浪漫画面。

耐人寻味的
白色藤本月季花瀑
让树荫生动而优美

从头顶上流淌着悬垂开放的纯白色藤本月季"夏雪"。伸展性很好,特别适合用于凉亭。

手工制作的凉亭里,为了配合主角的白色月季,家具和建筑也都统一成白色。屋顶是透明素材,光线可以照射进来,内侧也有着月季繁茂的绝美风景。

case.1

根据展示场所设置不同主题,减掉多余色彩,实现色调统一

　　秋山家从外墙就被各种颜色的玫瑰们所包围,是一座叹为观止的玫瑰园。栽培玫瑰已经有20年历史,在造园上着眼于利用树木、多年生植物、草花来进行色彩搭配、烘托场面,以此激发出每一株玫瑰独特的魅力。

　　为了增添玫瑰的美感,主人在花园里逐渐增加了凉亭和小径等硬件,打造了一座富于变化的庭院。在角落里种植的玫瑰色彩统一和谐,藤本月季更是立体地美化了整体空间。这种构造上的起伏感,在玫瑰盛开的季节焕发光彩。让这座庭院处处有景致,百看不厌。

White

Bench

GARDEN

在花园深处放置诱人的焦点,
给迷你花园也
带来纵深感

主要花境以种植玫瑰为主,在园路的
两侧也增设了拱形花门,园路尽头放
置了淡蓝色的长椅,成为观赏的焦点
所在。连续的拱门和立体化的植栽酝
酿出深邃感,给绿意葱茏的空间描出
画框般的艺术感

Window

美丽的窗畔
装饰着色彩奇特
的月季

带有古铜色光泽的月季"咖啡"，以大型窗户前的黑铁栅栏为画布，描绘出成熟的画面。脚下种植清淡的蕾丝花和牛舌草，让"咖啡"特异的花色显得出类拔萃。

四季开放的丰花月季"咖啡"。焦糖色的独特色彩让它成为人气高昂的品种。

Arch

Statue

case.2

纤细的植栽因为白色雕像而精彩，给予整个画面优雅的起伏感

植物繁茂的花园深处竖立着一座白色雕像，和黄色、蓝色的花朵相得益彰。蓬松旺盛的纤细植株中，雕像起到了聚拢视线的作用，让整个画面不至于过分散漫。

金黄色的英国月季"黄金庆典"，明亮的色彩让庭院生动起来。

制造观赏焦点
用草花衬托少量玫瑰

可米家的庭院，玫瑰和草花盛开，花团锦簇。实际上这个小园子日照并不好，土壤也很坚硬，对植物而言是个难以生长的环境。在多次栽种玫瑰失败之后，主人用腐叶土改良了土壤，把玫瑰牵引到拱门和塔形花架上，争取到宝贵的阳光。几经周折，园子终于美丽起来。

风格也从当初设想的华丽玫瑰园变成一个因地制宜的自然式花园选择种苗时着眼于能够适应花园自身条件的玫瑰品种上，只选择柔美色调的品种，和可爱的小草花相辅相成，形成轻柔浪漫的氛围。再利用建筑和家具打造出通往花园深处的石阶，让园子富有的变化，形成了随和自然的风景。

Angela

添加栅栏上的深粉红色
成为角落的亮点

把庭院从中间分割开的白色围墙和黑铁拱门边，种植藤本月季"安吉拉"。因为它花色鲜艳，只选种了一株，但也足以带来了花团锦簇的华美感。

开花性好、四季开放的强健型藤本月季"安吉拉"，也是我国最早引进的几种藤本月季之一。娇小的花朵成簇开放，和自然空间十分协调。

case.3

每个角只配置一种玫瑰，大幅绿色映衬下凸显简洁魅力

Royal Sunset

　　小雅从造园开始，已经经过整整8年。基本的施工交给了专业公司，在这基础上主人逐渐增加了植物的数量，成就了今日的美景。因为小雅希望建造一座绿意盎然的庭院，所以选择了各种树木和浓淡变化的绿叶植物，玫瑰在其中的分量不过两成左右。每个区域只严格选择一种，作为景观重点配置。这样视线集中到一株植物上，不仅仅是花朵，还可以充分展现整体植物的姿态、叶色、枝条之美。为了防止色彩混乱，花色也集中在粉色系。通过巧妙使用丰富的绿叶和明亮的园艺资材，这座庭院虽然玫瑰品种不多，但丝毫不显单调，是一个清新迷人的空间。

蓬松自然的花姿，
享受芳香和色彩，
放飞心灵的窗边

散发浓厚芳香的"皇家日落"。四季开花性，优雅的花姿和花色是其魅力所在。

为了让月季缠绕在窗旁，特意从塔形花架上用铁丝牵引过来。杯形花的橙粉色月季花姿，点化出画卷般的美景。

Ballerina

瀑布般的花枝把台阶角落
打扮得缤纷动人

从客厅到花园的出入口边栽种了"芭蕾舞女"，
利用塔形花架一直牵引到木棚上。这个品种花
型很小，但是花朵众多，分量感十足，蔚为壮观，
非常适合显眼的场所。

花型可爱的"芭蕾舞女"和
自然派植栽搭配得十分融
洽。即使只种一株也足以产
生惊人的效果。花期也很长。

以栅栏作为背景，
松松地缠绕上大花藤月

和邻居家之间设置的栅栏
上，古典味道的月季藤蔓缠
绕，仿佛一幅优美典雅的壁
画。常青藤和百里香等地被
草本绿意盎然，更提高了风
景的格调。

紧包花型和细致的渐变粉
色，大花藤本月季"龙沙
宝石"独具魅力。

Pierre de Ronsard

種植中不可缺少的經典花卉

讓庭院有更多鼠尾草

長穗狀開放的人氣植物——園藝鼠尾草。常見的有紅色、藍色、紫色等花色，幾乎已經成為花園草花裡不可或缺的一員。這一次我們來聚焦園藝鼠尾草，介紹它豐富的品種、習性以及在庭院裡的活用方法。通過了解這些知識，你一定會從中發現它嶄新的魅力。

Salvia

Pick up Plants

了解之后，更有乐趣

关于鼠尾草的
知识 1、2、3

在考虑种植计划前，不妨先来了解
一些关于鼠尾草的杂学知识。

世界上有 900 种以上的鼠尾草，
你知道吗？

夏秋季庭院里的必备植物

鼠尾草的基本知识

鼠尾草属于唇形科，世界各地从温带到亚热带都有分布（澳大利亚除外）。从夏季到秋季，鼠尾草的花穗顶部开放出一串串筒形花，把花园打扮得分外热闹。

花坛里常见的一串红、一串蓝和香草中的药用鼠尾草都是鼠尾草属的成员。除此之外，鼠尾草还有众多的园艺品种。据说，世界上有 900 种以上的鼠尾草，堪称一个超级大家族。

根据生长周期，我们可以大致把鼠尾草分成两种。一种是一二年生品种，也就是在花后枯萎死去，留下种子繁殖的品种。另一种是多年生、冬季根茎留在土里的品种。因为常见的一串红和一串兰都是一年生，大家往往会有鼠尾草是一年生植物的印象，但实际上多年生的宿根鼠尾草不仅品种众多，而且有着千变万化的姿态。

与一二年生的花朵繁多、植株矮小的鼠尾草不同，宿根鼠尾草花姿更加柔和，非常容易和其他的花园植物搭配。下面我们就将分类介绍不同的鼠尾草品种，关注它们的不同形态，选出适合自己的一品。

说到栽培，鼠尾草没有特别大的难度，初学者也能轻松上手。只是宿根鼠尾草在冬季到来前需要修剪或移植到室内，后文我们会简单地说明秋冬季的管理方法，以备新手参考。

trivia
1 根据花茎的生长方式，
株形千变万化

除花形以外，各个品种的不同充分表现在株形上。既有花茎向上笔直生长的，也有略略外斜生长的，千姿百态、各不相同。花茎笔直的品种有着整洁端正的姿态，而蓬松散发的枝条则给人自然奔放的印象。需要根据自家庭院的风格来确定购买品种。

植株高大，花茎横向发展的黄花鼠尾草（Salvia madrensis）。

林荫鼠尾草，花茎向上笔直伸展。

trivia
3 怎么看都是鼠尾草，
但是其实……

这株开着蓝色花的植物名叫俄罗斯鼠尾草（Perovskia atriplicifolia），实际上它属于唇形科分药花属，和鼠尾草同科不同属。唇形科的植物花形十分相似，往往会发生混淆。

trivia
2
香草中的药用鼠尾草
也是药用鼠尾草的一员

药用鼠尾草是唇形科鼠尾草属的代表植物。作为香草的一种，它的叶片用途十分广泛。当它开花时可以清楚地认出鼠尾草的特征。本文是以介绍观花形的鼠尾草为主，喜欢香草的朋友不妨同样栽种若干药用鼠尾草，享受它那独特芳香带来的欣喜。

鼠尾草的园艺品种黄金鼠尾草，叶片上有柠檬黄的斑纹。

香草店里以"鼠尾草"的名字出售的多半是药用鼠尾草。初夏开放紫色的小花。

右／唇形科鸡脚参属（Orthosiphon）的花。
左／唇形科藿香属（Agastache）的花。

鼠尾草属于唇形科鼠尾草属植物，在同一个唇形科里，有许多花形相似的植物。比如鼠花属、藿香属。更麻烦的是，这些植物还往往冠以鼠尾草的俗名。但是它们的特性并不相同，需要我们擦亮眼睛来分辨清晰。

让鼠尾草光彩照人的**14**个花园方案

前文提到我们根据生长周期不同，可以把鼠尾草分成一二年生和多年生品种，其实这两大类鼠尾草在栽种外观和氛围上也有差异。区别利用不同的鼠尾草打造不同的花园意境，是成为鼠尾草栽培高手的必修课。下面，我们来从图片上来看看各种鼠尾草的实际栽培效果。

给予它充分
表现魅力的舞台
一二年生鼠尾草
春天播种、夏天到秋天开花，
花后结种子的类型。
每朵花较大，
即使栽种一株也
非常吸引眼球。

Plan 1
在平坦的场所
零星布置，
让庭院更有整体感

平坦的土地上种植的植物常常缺乏复杂多变的效果。在各处分散种植快乐鼠尾草，柔美的花穗会让视线连成一体。

Plan 2
两种鼠尾草组合栽种，
在角落演绎和谐的一幕

红花鼠尾草的前方种上粉萼鼠尾草。植株的高矮错落，给花坛增添了分量感，也烘托出自然的气氛。

快乐鼠尾草
（ *Salvia sclarea* ）

白色和紫色的双色花朵，从莲座状的叶丛中伸展出来。又名南欧丹参。植株高约120cm。

红花鼠尾草
（ *Salvia horminium* ）

红色、粉色、白色等花色，性质强健，花形独特，广受好评。株高25～50cm。

Plan 4
自然草地般的栽植，
充分体现出花和叶的个性。

彩苞鼠尾草有着美丽的紫色、粉色和白色的苞叶，和各种草花彼此映衬，非常迷人。最好在它旁边配置醒目的黄色花卉。

Plan 3
绿色和白色组
合的清爽吊篮

使用了一串白的组合吊篮，和悬垂枝叶的藤蔓植物组合在一起。

粉萼鼠尾草
（ *Salvia farinacea* ）

又名蓝花鼠尾草，一串蓝。是一种特别美丽的蓝花品种，另外还有白花种。株高25～50cm。

一串红，一串白
（ *Salvia splendens* ）

一串白是鼠尾草的代表性园艺种，我们在国庆时常常见到的一串红布置出的花坛，就是它的红色品种。除常见的一串红和一串紫之外，还有白色和粉色的品种，可以通过购买种子来繁殖。株高30～40cm。

彩苞鼠尾草
（ *Salvia viridis* ）

上部的叶片呈紫色、粉色或白色，好像花瓣一样，非常奇特。叶片有清甜的香气。株高30～60cm。

Plan 5

天蓝色鼠尾草品种，
成为玫瑰花园里小小的休止符

天蓝鼠尾草是美丽的蓝
花品种。在粉色的玫瑰
园中种植，冲淡了玫瑰
的浓艳感。高度和玫瑰
植株十分般配，开花期
也很长。

和周围的植物
和谐相处
多年生植物、
小灌木
保留根系年年生长。这种类
型鼠尾草的花、姿态都富有
野趣，和周围植物的亲
和力上佳。

天蓝鼠尾草
(*Salvia uliginosa*)
清爽的蓝色花朵，别
名沼泽鼠尾草，株高
60～120cm。

Plan 6

姿态粗犷的红花品种，
装点出戏剧性的效果

热力四射的姿态给予花坛活
力与动感。在沉闷的环境中
开放，蓬勃的生命力让景色
立刻生动起来。

红苞鼠尾草
(*Salvia involucrata*)
深粉红色的花，在花
穗前端有着球形的苞
叶，十分罕见。株高
约200cm。

非洲蓝鼠尾草
(*Salvia
chamelaeagnea*)
长长伸展的花茎，白
色和蓝色的小花点缀
其上，美丽迷人。株
高约200cm。

Plan 7

笔直生长的花穗
衬托出墙边的玫瑰

在红砖墙壁上攀爬的玫瑰下
方选种了林荫鼠尾草。修长
的花穗中间可以看到后方的
玫瑰，空间虽小却耐人寻味。

林荫鼠尾草
(*Salvia ×nemorosa*)
花穗向上伸展，开放紫
色小花。株形非常紧凑，
是用途广泛的百搭品
种。株高40cm左右。

Plan 8

冷清的树下种植
株形较高的品种，填充空间

树木脚下种植了非洲蓝鼠尾草，因为叶片
细小，虽然体形高大，却给人清爽的印象。

119

Plan 9

仿佛漫出花坛般盛开
指引园路上行人的视线

鼠尾草添加在园路两侧，配置于玫瑰斜对面，成为一种引导视线的亮点植物。

樱桃鼠尾草
(Salvia gregii)

樱桃鼠尾草是人气很高的品种，花色有红色、白色、双色等各种，株高50～150cm。除了相貌可爱，它还有出色的清洁空气和减少热岛效应的能力，因能够吸收空气中的烟雾而备受瞩目。

Plan 10

黑铁饰品和樱桃鼠尾草
双色品种是天作之合

樱桃鼠尾草是鼠尾草中花朵样子格外讨喜的一种。在前院和生锈的黑铁杂货搭配，格外迷人。

紫色风暴

杂交种"紫色风暴"开紫红色上有白色条纹的花朵，看起来好像糖果一般，特征鲜明。株高80cm左右。

墨西哥鼠尾草
(Salvia mexicana)

长长的花萼前端开花的奇特品种。苞片和花朵的对比极其出色。株高150cm左右。

匍匐鼠尾草
(salvia reptans)

匍匐鼠尾草是开放漂亮的蓝色花，与名字不同，它其实是直立的。株高50～100cm。

Plan 11

近似株形相邻种植，
强调野性的魅力

园路旁边是匍匐鼠尾草和蓝花马鞭草，二者细细的花茎高高伸展随风飘拂，展现出山野般的风景。

紫绒鼠尾草
(Salvia leucantha)

花朵质地像天鹅绒一般，别名墨西哥灌木鼠尾草，株高150cm左右。

Plan 12

黄绿色的叶片
把树荫下方衬得亮堂起来

墨西哥鼠尾草的金叶品种种植在稍微阴暗的树下，柠檬黄的叶片把树荫处演绎得明亮而富于变化。

Plan 13

3 种鼠尾草组合，让小小空间丰富多彩

鼠尾草的 3 个蓝色花品种，在黑铁栅栏背景上，如同自然花束一般和谐统一。

水蓝鼠尾草
(*Salvia azurea*)
清凉的蓝色和高挑的优美株形，秋季开花，耐寒性也很强，株高 100cm 左右。

凤梨鼠尾草
(*Salvia elegans*)
叶片有菠萝般的甜香，所以又名凤梨鼠尾草，株高 150cm 左右。

"深蓝之雨"
(*Salvia* 'Indigo Spires')
花期很长的园艺种，又名薰衣鼠尾草。株高 150cm 左右。

草地鼠尾草
(*salvia pratensis*)
沉郁的蓝紫色花，茎干发黑，有一种深沉的美感。株高 120cm 左右。

Plan 14

花色和茎叶鲜嫩欲滴 给秋日的庭院增添了美感

给日渐冷清的秋日庭院，添上一笔热烈的色彩。饱含水分的茎叶让庭院水润充盈。

COLUMN

多年生植物 的秋冬季管理

与留下种子之后枯萎死去的一二年生植物不同，这些在冬季留下根部的多年生植物又名宿根植物，包括很多鼠尾草在内，在秋冬季的管理十分重要，其要点在于修剪和防寒。

鼠尾草原产温带或亚热带，特别畏惧冬季的寒冷。在花期结束、叶片枯萎后，要认真进行入冬前的养护管理，避免它受到严寒的侵袭。

首先，修剪容易折断的老枝条。下雪后枝条会被压断和开裂，应当在冬季到来前就剪干净。如果就此放置不管，来年春季以后新发的株形会不好看。

北方地区必须采取防寒措施，也就是从土地里挖出种在花盆移到屋檐下等避风的地方管理，特别是耐寒性差的品种，必须移到花盆里放于室内。可以在花坛里露地过冬的品种则在修剪过后，在植株周围盖上腐叶土或是木屑来覆盖保温。

修剪

冬季前的修剪根据品种而不同。大致可以分成 3 个类型，请确认好品种再操作。修剪的时间点从叶片开始枯萎的时候为宜。

中间型
（紫绒鼠尾草、凤梨鼠尾草等）

剪到 10 ~ 20cm 处

在地下或地表发出新芽

地下茎型
（天然鼠尾草、泽蓝鼠尾草等）

剪到地面

在地下形成新芽向四周蔓延

直立型
（灌木类鼠尾草）

全部剪掉

灌木状伸展，在枝条上每年萌发新芽

管理要点
盆栽草花&阳台花卉

1. 秋季是又一个繁花似锦的季节，但与春季不同，秋季温差更大，而且更加干燥，所以栽培管理时和春季有不少差异。首先观察植物的土壤，表面干燥要及时补充水分。如果突然寒潮来临或是连日阴雨，温度降低很快，应尽早把怕冷的植物搬回室内。

2. 秋季是播种和购买新苗的重要时刻。购买种子越早越好，如果在冬季来临前不能让蜀葵、虞美人等二年生植物长到一定大小，次年春季很可能不会开花。角

董、三色堇、香雪球、紫罗兰从深秋开始就有小苗出售，如果来不及播种，不妨到花市里选购钵苗。

3. 为了次年开花，秋季的修剪工作很重要。最常见的修剪品种是月季和铁线莲，需要注意的是多季开花的月季和铁线莲在深秋可以重剪，而一季开花的古典玫瑰和早花铁线莲则不能重剪。

4. 宿根植物在深秋枯萎后可以用铁锹掘出分成若干份，重新栽种。只要带有几个芽头，一般都可以轻易地成活。

三色堇、角堇

三色堇和角堇的播种要在10月上旬前完成，如果没有及时播种，不妨在11月底以后到花市选购新上市的小苗。

几内亚凤仙

继续生长开花，直到冬季。本品不耐寒，如果有心爱的品种希望保留，应该在10月前扦插新苗，放在室内过冬。

天竺葵

秋季凉爽后，再次进入生长期和花期，每周喷施一次含有磷钾的液体肥料。如果觉得植株形态不美，冬季来临前可以剪下枝条扦插繁殖，更换植株。

耧斗菜

春末播种的耧斗菜小苗移栽到15cm左右的花盆里，冬季来临前移入花园或最终的花盆。

风铃草（多年生）

多数风铃草依靠根茎繁殖。秋季挖出花盆，把带有芽头的根茎切断重新种植，就可以得到新的风铃草植株。

风铃草"五月铃"（二年生）

春末播种的"五月铃"应该已经长满育苗钵，如果钵子太小可以更换到15cm左右。植株长到白菜大小时，趁寒霜来临前移栽到花园或换入最终的大盆。

秋牡丹

秋牡丹是山区常见的野花，用于园艺还很少见。秋季是它的盛花期，在开花结束后把整个花茎剪除。

金鱼草

金鱼草播种发芽后应给予充足的光照，以免徒长。

紫罗兰

紫罗兰是花期很长的早春花卉，尽早播种以免耽误生长。

玛格丽特菊

再次进入开花期，扦插和移植要趁早，以便在冬季来临前长成足够大的植株。

仙客来

结束休眠进入生长期，初秋时节的直射阳光会造成叶面灼伤，要尽量避免。

西番莲

西番莲在夏末和秋季开花，花量非常大，及时补充水分和含磷的肥料。

倒挂金钟

生长恢复期，如果夜晚放在灯下补充光照，可以持续开花。

微型月季

微型月季在秋季会迎来一次盛花期，花开时及时摘取残花，在冬季来临前进行修剪。

玉簪

秋季是玉簪分株的好季节，使用小刀按每株 4–5 芽的大小切开，重新种植。

南非菊

南非菊在秋季再次进入开花期，及时补充速效性液肥。这时也可以选择没有花苞的嫩枝进行扦插。

大丽花

大丽花开花期，高株形、大花朵的品种可以添加一根支柱，以免风大时倒伏。

传统菊花

菊花的盛花期，随时摘除残花，以保持较长的花期。菊花很容易招引蚜虫，如果发现及时杀灭。

管理要点
树木 & 庭院花卉

1. 秋季凉爽之后，很多植物从夏日的半休眠状态转入旺盛的生长期。桂花、茶梅相继开放，月季和铁线莲第二次绽放，这时也是一些冬季和早春开花的植物的孕蕾期。要特别注意秋季干燥，往往数周连续晴天，这时要适当给庭院的植物补水。

2. 秋季是购买新苗的好时机，尽早做好规划设计，选择信誉优良的店铺购买树苗花苗。邮购苗木最好避开购物热潮期，以免快递耽误时间，造成苗木的伤害。拿到苗木后，及时栽种，注意移栽期的遮阴和保湿管理。

3. 秋季也是移栽、繁殖植物的最佳季节之一，大多数春季开花的花木都适合在秋季移植（夏秋季开花的花木则适宜在早春移植）。考虑到深秋季节气温下降很快，为了确保植物的根系有充足的时间生长，最好在10月末之前完成移植。

4. 秋季的病虫害相对较少，但是经常发生白粉虱，一旦发现植物上飞舞着白色的细小飞虫，就应该及时使用杀虫剂杀灭。

三角梅

秋季是三角梅的盛花期，三角梅在开花前可以进行控水管理，即10天左右不浇水，等到叶片略微软垂时再浇透。反复数次以促进花芽的生成。

圣诞玫瑰

圣诞玫瑰从夏季的休眠状态恢复生长，这时可以疏剪过密或变黑的枝叶，也可以进行分株繁殖。

金橘

开花期，应把花盆放在朝南或朝东的地方，保持盆土的湿润，缺水容易导致落果。施以腐熟的有机肥或颗粒磷肥。

茶花、茶梅

夏末初秋茶花开始形成花芽，到开花期之前，应该增施1~2次磷钾肥。如果花蕾过多，则在每根枝梢保留1~2个花蕾，其余的花蕾用手摘除疏蕾。

绣球

绣球在18℃以下花芽分化，秋季正是它分化明年花芽的时候，所以一旦修剪，就会损伤来年的花芽，导致不开花。

扶桑

初秋是扶桑枝条扦插的好时机。进入深秋后，扶桑低于5℃落叶，0℃会冻死，北方地区要及时拿入室内。

梅、桃、梨树

在干燥的秋季里，注意防止红蜘蛛和蛾类的发生。

枫树

可以修剪整形和疏枝，放置在日照良好的位置，以欣赏美丽的红叶。

木槿

秋末应把晚秋梢、过密枝及弱小枝条、枯枝剪去，以保持株形及防寒越冬。

针叶树

可能有红蜘蛛，一旦察觉虫害及时喷洒药剂杀灭。

樱花

蛾类咬噬会发生流胶现象，可用小刀挖出虫卵。

紫薇

紫薇开花过后追肥。南方地区也是买苗和移植的好时机。

紫藤

生长旺盛期，给与磷肥和钾肥等速效性肥料。

玉兰

入秋后应减少浇水，延缓玉兰生长，促使枝条成熟，以利越冬。

瑞香

移栽和买苗的好时机，最好在10月末之前完成。

丁香

不宜施肥，以免引起枝条徒长，影响开花。

桂花

花芽萌动时适量浇水，保持土壤湿润。桂花不耐涝，过度浇水会造成落蕾。

含笑

含笑的生长期在夏秋季，7～9月份定期施肥，10月份后就不要再施肥了。

杜鹃

秋季为杜鹃花生长适应期，为防止抽出秋梢、增强越冬抗寒力，浇水量应适量减少。

牡丹、芍药

秋季是牡丹和芍药移植、分株的时候。芍药最好在 10 月份前，牡丹在 10 月份内完成移植工作。

铁线莲（大花系）

大花系铁线莲再度开花的时节，注意摘除残花，不让结种子，花后修剪。

铁线莲（早春系）

早春系的铁线莲秋季不能修剪，否则会不开花。

月季

月季再度开花的时节，及时疏除残花，注意花后的修剪。

五色梅

秋季是五色梅的盛花期，随着天气变冷，花色会更加深厚。补充含磷的液体肥。

栽种邮购新苗的方法

Step 1

邮购回来的裸根新苗在运输途中会失掉水分，收到后放入水桶里浸泡两小时左右，让它充分吸收水分。

Step 2

修剪掉腐烂和干枯的根部。

Step 3

准备土壤，在土壤中加少许杀菌剂。

Step 4

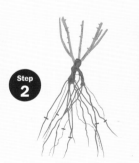

将植物种入花盆，土壤盖到根茎处，或是嫁接口之下。浇足水，放在阴凉处缓苗一周左右，就可以进入正常管理。如果植物枝叶较少，或是状态特别不好，可以套上一个塑料袋或在周围喷水增加湿度，也可以给与植物活力剂帮助恢复生机。

好评
发售中！

[花园水景]

约翰·卡特 著
定价：45 元

[蔬菜花园]

乔·惠廷厄姆 著
定价：45 元

[小花园种植]

菲尔·克莱顿 著
定价：45 元

[家庭花园]

莉亚·黎德兹 著
定价：42 元

[香草花园]

威廉·登恩 著
定价：42 元

[轻松打理花园]

珍妮·亨迪 著
定价：45 元

[草坪与地被植物]

阿克偌伊德 著
定价：42 元

[庭院盆栽]

罗森菲尔德 著
定价：45 元

[竹子与观赏草]

阿德尔 著
定价：45 元

[盆栽蔬果]

惠廷厄姆 著
定价：42 元

[铁线莲与藤蔓植物]

大卫·加德纳 著
定价：45 元

[阳台花园]

FG 武藏 著
定价：32 元

[厨余变沃土]

绿精灵工作室 著
定价：32 元

[玫瑰花园]

FG 武藏 著
定价：35 元

[美味花园]

FG 武藏 著
定价：42 元

[庭院花木修剪]

妻鹿加年雄 著
定价：45 元

[种菜手帖]

石仓博之、真木文绘 著
定价：45 元

[种子盆栽]

林惠兰 著
定价：40 元

[打造别样的室内花园]

李成贤、金素姬 著
定价：40 元

[梦想庭院—组合盆栽DIY]

约翰·卡特 著
定价：35 元

[露台花园]

阿美勒·罗伯特 著
定价：29.8 元

[生态花园]

阿涅斯·纪尧曼 著
定价：29.8 元

[日式庭院]
布达芬 著
定价：29.8 元

[垂直花园]

阿涅斯·纪尧曼 著
定价：29.8 元

◉ 最全面的园艺生活指导，花园生活的百变创意，打造属于你的个性花园

◉ 开启与自然的对话，在园艺里寻找自己的宁静天地

◉ 滋润心灵的森系阅读，营造清新雅致的自然生活

◎《Garden&Garden》杂志国内唯一授权版

《Garden & Garden》杂志来自于日本东京的园艺杂志，其充满时尚感的图片和实用经典案例，受到园艺师、花友以及热爱生活和自然的人们喜爱。《花园MOOK》在此基础上加入适合国内花友的最新园艺内容，是一套不可多得的园艺指导图书。

Vol.01
花园MOOK·金暖秋冬号

Vol.02 **Vol.03** **Vol.04**

花园MOOK·粉彩早春号　花园MOOK·静好春光号　花园MOOK·绿意凉风号

精确联接园艺读者

精准定位中国园艺爱好者群体：中高端爱好者与普通爱好者；为园艺爱好者介绍最新园艺资讯、园艺技术、专业知识。

倡导园艺生活方式

将园艺作为"生活方式"进行倡导，并与生活紧密结合，培养更多读者对园艺的兴趣，使其成为园艺爱好者。

创新园艺传播方式

将园艺图书 / 杂志时尚化、生活化、人文化；开拓更多时尚园艺载体：花园 MOOK、花园记事本、花草台历等。

Vol.05 **Vol.06** **Vol.07**

花园MOOK·私房杂货号　花园MOOK·铁线莲号　花园MOOK·玫瑰月季号

| 订购方法 | ●《花园 MOOK》丛书订购电话　TEL / 027-87679468 ● 淘宝店铺地址 **http://hbkxjscbs.tmall.com/** | |

加入绿手指俱乐部的方法

欢迎加入绿手指园艺俱乐部，我们将会推出更多优秀园艺图书，让您的生活充满绿意！

入会方式：

1. 请详细填写你的地址、电话、姓名等基本资料以及对绿手指图书的建议，寄至出版社（湖北省武汉市雄楚大街 268 号出版文化城 B 座 13 楼 湖北科学技术出版社 绿手指园艺俱乐部收）
2. 加入绿手指园艺俱乐部 QQ 群：235453414，参与俱乐部互动。

会员福利：

1. 你的任何问题都将获得最详尽的解答，且不收取任何费用。
2. 可优先得知绿手指园艺丛书的上市日期及相关活动讯息，购买绿手指园艺丛书会有意想不到的优惠。
3. 可优先得到参与绿手指俱乐部举办相关活动的机会。
4. 各种礼品等你来领取。